ISSN 0021-1915

16. JAHRGANG · SEITEN 345–376 · BERLIN NOVEMBER 1980

IPRAX 16 16 (11) 345–376 (1980)

32036

11

isotopenpraxis

THEORIA CUM PRAXI

EVP 9,– M

AKADEMIE-VERLAG

An unsere Autoren

Die Zeitschrift veröffentlicht Beiträge zu folgenden Themen: Kontrolle und Analyse radioaktiver und stabiler Isotope, Anwendung radioaktiver und stabiler Isotope in allen Gebieten der Forschung und Technik, der Industrie, Landwirtschaft und Medizin, Herstellung radioaktiver und stabiler Isotope sowie von markierten Verbindungen, kernelektronische Geräte für die Isotopenanwendung (Dickenmesser, Dichtemesser u. ä.) Detektoren für isotopentechnische Arbeiten und den Strahlenschutz in Isotopenlaboratorien, Meßtechnik und Strahlenschutz, Dosimetrie in Isotopenlaboratorien, kerntechnische Geräte für die Isotopenanwendung (Betron, Bestrahlungsanlagen u. ä.), Strahlenchemie, Radiochemie, ökonomische und perspektivische Fragen, Fragen der Weiterbildung.

1. Aufnahme von Manuskripten

Zur Veröffentlichung angenommen werden nur druckreife, noch nicht anderweitig publizierte Beiträge in deutscher, englischer oder russischer Sprache zum Themenbereich der Zeitschrift und zwar

Originalarbeiten

Kurze Originalmitteilungen

Aus der Praxis

Zusammenfassende Berichte

Tagungsberichte

Informationen.

Sind der Beitrag oder Teile daraus bereits veröffentlicht oder ist eine anderweitige Veröffentlichung vorgesehen, so muß dies der Redaktion mit genauer Angabe der Zweitveröffentlichung mitgeteilt werden. Mit der Annahme des Manuskriptes behält sich der Verlag das Recht der Vervielfältigung, Verbreitung und Übersetzung innerhalb der gesetzlichen Schutzfrist vor. Auszugsweiser Nachdruck oder photomechanische u. a. Wiedergabe sind an eine schriftliche Genehmigung des Verlages gebunden. Manuskripte, Zeichnungen und Photos von veröffentlichten Arbeiten werden nur auf den besonderen und bis zum Zeitpunkt der Veröffentlichung mitgeteilten Wunsch des Autors zurückgesandt.

Bei der unverlangten Einreichung von Manuskripten wird empfohlen, eine Befürwortung eines der Herausgeber oder Redaktionsausschußmitglieder beizufügen.

Manuskripte sind einzureichen bei der Redaktion, DDR-1080 Berlin, Leipziger Str. 3–4.

2. Form der Manuskripte

Die Autoren werden gebeten:

2 Manuskripte, eines davon in Original-Maschinenschrift, einseitig und mit 2zeiligem Abstand einzureichen; gut leserliche Photokopien sind zulässig; auf dem 1. Blatt (unter Weglassung der Bezeichnung)

den Titel der Arbeit

Vorname-Initialen und Namen sämtlicher Autoren

gegebenenfalls die Institution, in der sie tätig sind

eine kurze Zusammenfassung der Arbeit von höchstens 15 Zeilen

Keywords in alphabetischer Reihenfolge und

als Fußnote die Anschrift der Institution anzugeben;

wenn möglich auf gesonderten Blättern Namen, Titel der Arbeit und Zusammenfassung in den beiden anderen obengenannten Sprachen 2fach beizufügen;

Literaturhinweise (fortlaufend numeriert), Fußnoten, Tabellen, Abbildungen (in etwa 2facher Veröffentlichungsgröße), Abbildungsunterschriften (getrennt von den Abbildungen, mit Zeichenerklärungen, Quellenangaben, falls erforderlich, und gegebenenfalls mit einem Vermerk für besondere Wünsche bezüglich der Abbildungsgröße), private und Dienstanschrift der Verfasser mit akademischen Titeln und ausgeschriebenen Vornamen auf besonderen Blättern ans Ende des Manuskriptes zu stellen;

Wünsche für den Kolumnentitel (Seitenüberschrift) bekanntzugeben;

Absätze durch Einzüge von mindestens 3 Anschlägen kenntlich zu machen;

die Maßeinheiten des SI-Systems ("Systéme International") zu verwenden;

Korrekturen im Manuskript unmittelbar an der zu korrigierenden Stelle anzubringen;

Formeln deutlich lesbar und möglichst groß einzutragen;

Farbabbildungen und nachträgliche Änderungen oder Ergänzungen in Abbildungen zu vermeiden;

hervorzuhebende Textstellen zu unterstreichen, und zwar halbfetten Satz mit einer geraden schwarzen Linie, kursiven Satz (Schrägschrift) mit einer blauen Wellenlinie (alle Eigennamen). Sperrungen gestrichelt;

besondere Buchstaben durch farbige Unterstreichung zu kennzeichnen, und zwar Formelzeichen in

Griechisch-Kursiv (α, β, ...) rot,

Kursiv (A, B, ...) blau

halbfetter Kursiv ($\boldsymbol{A}$, $\boldsymbol{B}$, ...) 2 Linien blau (Vektoren),

halbfetter Grotesk (**A**, **B**, ...) 2 Linien violett (Tensoren);

bei Literaturangaben auf Vollständigkeit zu achten. In nachstehender Reihenfolge müssen angegeben sein:

a) bei *Zeitschriften*: Vorname-Initialen und Namen sämtlicher Autoren, Titel der Zeitschrift (nach „Periodica Chimica" oder möglichst wenig gekürzt), Bandnummer (unterstrichen), Jahreszahl (in Klammern), Heftnummer (nur bei Zeitschriften, die jedes Heft mit S. 1 beginnen) sowie die Seitenzahl, auf der die zitierte Arbeit beginnt.

b) bei *Büchern*: Initialen der Vornamen und Name des Autors (Herausgeber werden durch den Zusatz „ed." gekennzeichnet), voll ausgeschriebener Titel des Buches in der Originalsprache, evtl. Bandnummer, voll ausgeschriebener Name des Verlages, Nummer der Auflage (außer der ersten), Erscheinungsort(e), Erscheinungsjahr (hier nicht in Klammern setzen!) und evtl. Kapitelnummer, Seitenzahl u. ä.

c) bei *Sammelbänden, Tagungsberichten*: Es soll zusätzlich der Titel des zitierten Beitrags angegeben werden. Die Seitenzahl muß unbedingt angegeben werden. Aus dem Zitat muß hervorgehen, ob es sich um einen Tagungssammelband oder um einen noch nicht veröffentlichten Vortrag handelt. Zwischen Tagungsort und Erscheinungsort des entsprechenden Tagungsberichts ist zu unterscheiden.

3. Korrekturen

Der Autor erhält zwei Umbruchabzüge, von denen einer möglichst schnell korrigiert an die Redaktion zurückgereicht werden soll. Auf Wunsch des Autors kann die Korrektur auch von der Redakion gelesen werden.

Durch nachträgliche Manuskriptänderungen verursachte Korrekturkosten gehen, sofern sie 10% der Satzkosten übersteigen zu Lasten des Autors.

Der Autor erhält 50 Sonderdrucke kostenlos. Weitere Sonderdrucke können bis zur Rückgabe der Korrekturabzüge auf Kosten des Autors bei der Redaktion bestellt werden.

Bezugsmöglichkeiten

Bestellungen sind zu richten

- **in der DDR** an den Postzeitungsvertrieb; an eine Buchhandlung oder an den AKADEMIE-VERLAG, DDR-1080 Berlin, Leipziger Straße 3–4
- **im sozialistischen Ausland** an eine Buchhandlung für fremdsprachige Literatur oder an den zuständigen Postzeitungsvertrieb
- **in der BRD und Westberlin** an eine Buchhandlung oder an die Auslieferungsstelle KUNST UND WISSEN, Erich Bieber, 7000 Stuttgart 1, Wilhelmstraße 4–6
- **in Österreich** an den Globus-Buchvertrieb, 1201 Wien, Höchstädtplatz 3
- **in den übrigen westeuropäischen Ländern** an eine Buchhandlung oder an die Auslieferungsstelle KUNST UND WISSEN, Erich Bieber GmbH, CH-8008 Zürich/Schweiz, Dufourstraße 51
- **im übrigen Ausland** an den Internationalen Buch- und Zeitschriftenhandel; den Buchexport, Volkseigener Außenhandelsbetrieb der Deutschen Demokratischen Republik, DDR-7010 Leipzig, Postfach 160, oder an den AKADEMIE-VERLAG, DDR-1080 Berlin, Leipziger Straße 3–4

Zeitschrift „Isotopenpraxis"

Herausgeber: Im Auftrag des Akademie-Verlages herausgegeben von Prof. Dr. Justus Mühlenpfordt und Prof. Dr. Carl Friedrich Weiss
Verlag: Akademie-Verlag, DDR-1080 Berlin, Leipziger Straße 3–4; Fernruf 2236221 oder 2236229; Telex-Nr. 114420;
Bank: Staatsbank der DDR, Berlin, Kto.-Nr.: 6836-26-20712
Chefredakteur: Dr. Klaus Uhlig, Berlin
Anschrift der Redaktion (Fernruf: 6351177) der Zeitschrift Isotopenpraxis: Akademie-Verlag, DDR-1080 Berlin, Leipziger Str. 3–4
Veröffentlicht unter der Lizenznummer 1527 des Presseamtes beim Vorsitzenden des Ministerrates der Deutschen Demokratischen Republik
Gesamtherstellung: VEB Druckerei „Thomas Müntzer", DDR-5820 Bad Langensalza
Erscheinungsweise: Die Zeitschrift „Isotopenpraxis" erscheint monatlich. Die 12 Hefte eines Jahrganges bilden einen Band. Bezugspreis je Band 180,– M zuzüglich Versandspesen (Preis für die DDD 108,– M), Preis je Heft 15,– (Preis für die DDR 9,– M)
Bestellnummer dieses Heftes: 1079/16/11

AN (EDV) 12831

ISOTOPENPRAXIS ISSN 0021-1915

Band 16 (1980) Heft 11, S. 345–376

Redaktion und Verlag Akademie-Verlag, Redaktion Isotopenpraxis, 1080 Berlin, Leipziger Straße 3–4

Inhaltsverzeichnis

K.-P. Dostal

Die Geschichte des Periodensystems der chemischen Elemente von den Anfängen bis zur Gegenwart. Teil 1

Isotopenpraxis 16 (1980) H. 11, S. 345 bis 351
– Abb., 5 Tab., 11 Lit.

Die Geschichte des PSE – teilweise mit wesentlichen Entwicklungslinien der anorganischen Chemie bzw der Atomphysik identisch – ist reich an originellen Ideen und wichtigen Entdeckungen. Sie soll vor dem Hintergrund der wissenschaftshistorischen Bedingungen nachgezeichnet werden. Der vorliegende erste Teil behandelt zunächst die Vorgeschichte, dann das Jahrzehnt nach dem Karlsruher Chemikerkongreß 1860, in dem das Periodensystem von mehreren Gelehrten gefunden wurde, ferner die Komplettierung des Systems in den darauffolgenden Jahrzehnten und schließlich die durch die Atomphysik geprägte Phase im ersten Viertel unseres Jahrhunderts, die mit der Deutung des PSE ihren Abschluß fand Ein später folgender zweiter Teil beinhaltet die Erweiterung des PSE mit den bisher entdeckten Transuranen, die Problematik der fernen Transurane und der oberen Grenze des Systems sowie einige spezielle Darstellungen der Elementtabelle.

Fortschrittsberichte

J. W. Leonhardt, H.-J Große, P. Popp

Stand und Entwicklungsmöglichkeiten der Ionisationsgasanalyse
Teil I: Allgemeine Grundlagen und Elektronenanlagerungsdetektoren

Isotopenpraxis 16 (1980) H. 11, S. 352 bis 358
4 Abb., 3 Tab., 60 Lit.

Die Ionisationsgasanalyse ist eine gasanalytische Methode, die auf der Änderung durch Ionisation von Atomen oder Molekülen hervorgerufenen Leitfähigkeit von Gasen beruht. Ausgehend von einer allgemeinen Charakterisierung der auf diesem Verfahren basierenden Ionisationsdetektoren (Elektroneneinfang-, Aerosolionisations-, Ionisierungsquerschnitts- und Edelgasdetektoren), werden deren Theorie, Eigenschaften, Hauptanwendungsgebiete und Entwicklungsmöglichkeiten aufgezeigt und diskutiert.

Originalarbeiten

W. Will, W. Kraus

Thermolumineszenz-Fingerringdosimeter zur zentralisierten Überwachung der Handbelastungen beruflich strahlenexponierter Personen

Isotopenpraxis 16 (1980) H. 11, S. 358 bis 361
3 Abb., – Tab., 17 Lit.

Es wird die Konzeption und Ausführung eines Fingerringdosimeters für die zentralisierte Überwachung in der DDR beschrieben. Die in zwei Varianten für Beta- bzw. Röntgen/Gamma-Strahlungs-Anwender gefertigten Ringe besitzen zwei LiF-TL-Detektoren hinter 11 mg cm^{-2} Plast- bzw. 100 mg cm^{-2} Al-Fenstern. Es werden die wichtigsten Eigenschaften des Dosimeters wie Energieabhängigkeit, Dosisempfindlichkeit usw. sowie die Probleme beim praktischen Einsatz mitgeteilt. Die Dosimeter haben sich bei der Überwachung von 600 beruflich strahlenexponierten Personen mit erhöhtem Risiko für Handbelastungen in etwa 90 Betrieben bewährt.

V. Hušák, P. Kopecký, K. Svoboda, J. Vlček

Dosimetrische Aspekte der Anwendung von radioaktiven ^{123}I-Pharmaka in der Nuklearmedizin (*in Englisch*)

Isotopenpraxis 16 (1980) H. 11, S. 361 bis 365
3 Abb., 3 Tab., 25 Lit.

^{123}I kann im Zyklotron unter Nutzung verschiedener Kernreaktionen entweder direkt oder über ^{123}Xe als Mutternuklid hergestellt werden. Das Vorhandensein von Verunreinigungen in Form der Radionuklide ^{124}I, ^{125}I, ^{130}I usw. in ^{123}I-Präparaten erfordert eine eingehende Einschätzung ihrer Anwendbarkeit in der Nuklearmedizin, und zwar vom Standpunkt der durch die Verunreinigungen verursachten zusätzlichen absorbierten Dosis und der Bilddegradation.
Die bei der Schilddrüse durch das ^{123}I-Jodid und bei den Keimdrüsen durch das ^{123}I-Hippuran verursachte absorbierte Dosis wurden als Funktion der Zeit von der Herstellung bis zur Anwendung beim Patienten errechnet. ^{123}I wurde über die Reaktionen ^{122}Te(d, n) und ^{121}Sb(^{4}He, 2n) hergestellt.
Unter Berücksichtigung der Bilddegradation infolge der Verunreinigung von ^{123}I-Präparaten durch ^{124}I sowie der resultierenden absorbierten Dosen wurden die Abklingdaten dieser Präparate ermittelt.

M Jovtschev, H. Kupsch H. Koch

Über das Extraktionsverhalten der Komplexverbindung des Tc(IV) mit Bis-(2-ethylhexyl) phosphorsäure

Isotopenpraxis 16 (1980) H. 11, S. 365 bis 370
6 Abb., 4 Tab., 10 Lit.

Die Komplexbildung des Tc(IV) mit Bis (2ethylhexyl)-phosphorsäure (HDEHP) wurde nach der Verteilungsmethode untersucht. Es bildet sich ein monomerer, inerter Komplex, dessen Verteilung in dem Lösungsmittelsystem Wasser/Toluen schnell erfolgt.

F. H. Abou El-Nour

Reaktivierung von beschleunigten Nickel-Katalysatoren für den Deuterium-Austausch zwischen Wasserstoff und Wasser in der Gasphase (*in Englisch*)

Isotopenpraxis 16 (1980) H. 11, S. 370 bis 372
– Abb., 2 Tab., 10 Lit.

Zum Einsatz für die vorliegende Untersuchung wurden beschleunigte binäre Nickel Chromoxyd und beschleunigte ternäre Nickel-Chrom-Oxyd/Aluminium-Oxyd-Mischkatalysatoren hergestellt. Dies erfolgte durch Mitfällung der entsprechenden Metallnitrate als Karbonate mit folgender Kalzinierung in einer Stickstoff-Atmosphäre bei 350 °C und Reduktion in einer Wasserstoff-Atmosphäre bei 320 °C. Um eine spontane Oxydation der Katalysatoren zu verhindern, wurde bidestilliertes Wasser zugegeben und die Katalysatorgemische anschließend für einige Stunden in einer Wasserstoff-Atmosphäre erhitzt und auf etwa 110 °C gehalten. Die Entaktivierung der Katalysatoren wurde durch Messung der Veränderung ihrer Aktivität über der Zeit des Kontakts der reagierenden Gasgemische mit der Katalysator-Oberfläche in der Reaktionskammer untersucht. Es wurde festgestellt, daß die katalytische Aktivität der ternären Katalysatoren hinsichtlich des Deuterium-Isotopenaustauschs zwischen Wasserstoff und Wasserdampf zwar größer war als die der binären Katalysatoren, daß aber auch der Aktivitätsverlust bei den ersteren schneller erfolgte als bei den letzteren. Die Reaktivierung der Katalysatoren erfolgte bei verschiedenen Temperaturen zwischen 110 und 160 °C in einer Wasserstoff-Atmosphäre. Messungen der katalytischen Aktivität zeigten, daß höhere Temperaturen für den Reaktivierungs-Prozeß günstiger sind.

Informationen

Isotopenpraxis 16 (1980) H. 11, S. 372 bis 374

Buchbesprechungen

Isotopenpraxis 16 (1980) H. 11, S. 375 bis 376

ISOTOPENPRAXIS

Band **16** (1980) Heft 11, S. 345–376

Redaktion und Verlag: Akademie-Verlag, Redaktion Isotopenpraxis, 1080 Berlin, Leipziger Straße 3–4

Contents

K.-P. Dostal

The History of the Periodic System of Chemical Elements from the Beginning to the Present Time — Part 1

Isotopenpraxis **16** (1980) No. 11, p. 345 to 351
— Fig., 5 Tab., 11 Ref.

The history of the periodic system, which partially coincides with essential lines of development of inorganic chemistry and of atomic physics, is rich in original ideas and important discoveries. It is shown against the background of historical scientific conditions. The present first part deals with the previous history, then with the decade after the Karlsruhe Congress of Chemists held in 1860, during which the periodic system had been found by several scientists, furthermore with the following decades, in which the system was completed, and finally wich the first quarter of our century, which was characterized by the atomic physics and in the end of which the periodic system was interpreted. A second part to be published later on will cover the enlargement of the periodic system by adding the hitherto known transuranic elements, the problems of far transuranic elements and the upper boundary of the system, as well as some special kinds of representation of the periodic table.

Progress Reports

J. W. Leonhardt, H.-J. Grosse, P. Popp

State and Possibilities to Develop the Ionization Gas Analysis
Part I: General Principles and Electron Capture Detectors

Isotopenpraxis **16** (1980) No. 11, p. 352 to 358
4 Fig., 3 Tab., 60 Ref.

The ionization gas analysis is an analytical method basing on the fact that the conductivity of gases and gas mixtures due to the ionization of atoms and molecules changes with the composition of such mixtures. Resulting from a general description of the ionization detectors working according to this principle (electron capture detectors, aerosol ionization detectors, ionization cross section detectors, noble gas detectors and mobility detectors), properties, performances, fields of application and possibilities of further development are discussed.

Articles

W. Will, W. Kraus

A Thermoluminescence Finger-Ring Dosimeter for the Centralized Monitoring of Hand Exposures of Occupationally Exposed Persons

Isotopenpraxis **16** (1980) No. 11, p. 358 to 361
3 Fig., — Tab., 17 Ref.

Conception and design of a finger-ring dosimeter for the centralized monitoring in the GDR are described. The dosimeter contains two LiF thermoluminescence detectors. It is supplied in two alternative versions either for beta or gamma/X-ray monitoring equipped with windows of 11 mg cm^{-2} plastics and 100 mg cm^{-2} aluminium, respectively. The most important properties of the dosimeter as energy dependence, sensitivity etc. as well as problems in practical use are dealt with. The dosimeters have proved good in monitoring 600 occupationally exposed persons with enhanced hand exposure risk working at about 90 institutions.

V. Hušák, P. Kopecký, K. Svoboda, J. Vlček

Dosimetric Aspects of Application of ^{123}I-Radiopharmaceuticals in Nuclear Medicine (*in English*)

Isotopenpraxis **16** (1980) No. 11, p. 361 to 365
3 Fig., 3 Tab., 25 Ref.

Содержание

К.-П. Досталь

История периодической системы химических элементов от начала до настоящего времени — Часть I

Isotopenpraxis **16** (1980) вып. 11, стр. 345 до 351
— рис., 5 табл., 11 лит.

История периодической системы, которая частично совпадает с существенными линиями развития неорганической химии и атомной физики, богата оригинальными идеями и важными открытиями. Она изображается перед фоном исторических научных условий. В настоящей первой части освещаются сначала предистория, затем десятилетие после состоявшегося в г. Карльсруэ в 1860 году конгресса химиков, в котором некоторыми учеными была найдена периодическая система, дальше последующие десятилетия, в которых имело место совершенствование системы, и наконец определившийся атомной физикой первый квартал нашего века, в конце которого состоялось толкование периодической системы. Публикуемая в дальнейшем вторая часть будет охватывать расширение периодической системы открывшимися до сих пор трансурановыми элементами, проблематику далеких трансурановых элементов и верхнего ограничения системы, а также некоторые специальные изображения периодической таблицы.

Аналитические обзоры

И.В. Леонхардт, Х.-И. Гроссе, П. Попп

Состояние и возможности развития ионизационного газового анализа
Часть I: Общие основы и детекторы захвата электронов

Isotopenpraxis **16** (1980) вып. 11, стр. 352 до 358
4 рис., 3 табл., 60 лит.

Ионизационный газовый анализ, это газоаналитический метод, основывающийся на изменении проводимости, вызываемой ионизацией атомов и молекул газов. Исходя из общей характеристики ионизационных детекторов основываемых на этом методе (детектор электронного захвата, аэрозольный детектор, детектор сечения ионизации, детекторы благородных газов) авторы показывают и обсуждают их теорию, свойства, главные области применения в возможности развития.

Статьи

В. Вилль, В. Крауз

Термолюминесцентный перстневой дозиметр для централизованного контроля лиц, профессионально подверженных облучению, относительно нагрузки на руки

Isotopenpraxis **16** (1980) вып. 11, стр. 358 до 361
3 рис., — табл., 17 лит.

Описываются концепция и исполнение перстневого дозиметра для централизованного контроля в ГДР. Изготовленные в двух вариантах для потребителей бета- или гамма-рентгеновского излучений перстни имеют два LiF-ТЛ-детектора за окошками и пластмассы толщиной в 11 *мг см*$^{-2}$ или из алюминия — 100 *мг см*$^{-2}$. Сообщаются важнейшие свойства дозиметра, такие как энергетическая зависимость, чувствительность дозы и другие, а также проблемы при практическом применении. Эти дозиметры хорошо показали себя при контроле 600 лиц приблизительно на 90 предприятиях, профессионально подверженных облучению, с повышенным риском облучения на руки.

В. Хушак, П. Копечкий, К. Свобода, И. Влчек

Дозиметрические аспекты применения радиоактивных по ^{123}I фармацевтических изделий в ядерной медицине (*на англ. языке*)

Isotopenpraxis **16** (1980) вып. 11, стр. 361 до 365
3 рис., 3 табл., 25 лит.

Die Geschichte des Periodensystems der chemischen Elemente von den Anfängen bis zur Gegenwart. Teil 1

(Zusammenfassender Bericht)

K.-P. Dostal

(Zentralinstitut für Isotopen- und Strahlenforschung der AdW der DDR)[1]

Die Geschichte des Periodensystems — teilweise mit wesentlichen Entwicklungslinien der anorganischen Chemie bzw. der Atomphysik identisch — ist reich an originellen Ideen und wichtigen Entdeckungen. Sie soll vor dem Hintergrund der wissenschaftshistorischen Bedingungen nachgezeichnet werden. Der vorliegende erste Teil behandelt zunächst die Vorgeschichte, dann das Jahrzehnt nach dem Karlsruher Chemikerkongreß 1860, in dem das Periodensystem von mehreren Gelehrten gefunden wurde, ferner die Komplettierung des Systems in den darauffolgenden Jahrzehnten und schließlich die durch die Atomphysik geprägte Phase im ersten Viertel unseres Jahrhunderts, die mit der Deutung des Periodensystems ihren Abschluß fand. Ein später folgender zweiter Teil beinhaltet die Erweiterung des Periodensystems mit den bisher entdeckten Transuranen, die Problematik der fernen Transurane und der oberen Grenze des Systems sowie einige spezielle Darstellungen der Elementtabelle.

Keywords

elements; history; periodic system; reviews

1. Einleitung

In den sechziger Jahren des vorigen Jahrhunderts entstand das Periodensystem der chemischen Elemente. Es wurde zu einem wichtigen Phänomen im Entwicklungsprozeß von Chemie und Physik. Schon die Entdecker des Systems — insbesondere *Mendelejew* — erkannten den heuristischen Wert der Tabelle. Ihr Erbe bestand aber vor allem in der Formulierung einer grandiosen Aufgabenstellung: Die gefundenen Zusammenhänge mußten erklärt werden. Dies wurde nur durch langsames und mühevolles Herantasten, verbunden mit Erfolg und Irrtum, Überzeugung und Zweifel möglich. Zunächst Gegenstand der reinen Chemie, wirkte das Periodensystem stimulierend auf die Atomphysik und gehört heute zu den Forschungsthemen der Kernphysik.

Obwohl die dem Periodensystem innewohnenden Gesetzmäßigkeiten dank der Quantentheorie prinzipiell verstanden sind, erschienen in den letzten Jahrzehnten immer wieder Arbeiten zur bestmöglichen Darstellung der Tabelle. Während dieser Aspekt in gewisser Weise nur formaler Art ist, haben die Fragen nach der Existenz ferner Transurane und nach der oberen Grenze des Systems für die Naturwissenschaft eine wesentliche Bedeutung. Insofern wird es noch Jahrzehnte dauern, bis die gesamte Problematik des Periodensystems geklärt ist.

Die Geschichte des Periodensystems läßt sich in folgende fünf Abschnitte untergliedern:

- Zahlreiche Chemiker erkannten zwischen 1790 und 1860 bei ihrem Bemühen, die chemischen Elemente zu klassifizieren, wichtige Zusammenhänge.
- Nach dem Chemikerkongreß im Jahre 1860 fanden innerhalb eines Jahrzehnts mehrere Forscher aus verschiedenen Ländern unabhängig voneinander das Gesetz der Periodizität.
- Durch neuentdeckte Elemente — teilweise aufgrund des Periodensystems vorausgesagt — wurde es während der nächsten Jahrzehnte bis auf wenige Lücken vervollständigt.
- Im ersten Viertel des 20. Jahrhunderts war die Geschichte des Periodensystems eng mit der sich entwickelnden Atomphysik verbunden, die neben anderen grundlegenden chemischen Erscheinungen auch das Periodensystem erklären konnte.
- In den letzten Jahrzehnten wurde das Periodensystem durch die künstlich erzeugten Transurane wesentlich erweitert, und aufgrund von Atomkernmodellen entwickelte man Vorstellungen über die mögliche Existenz ferner Transurane.

2. Von den ersten Systematisierungsbemühungen bis zum Karlsruher Chemiker-Kongreß

Die Suche nach dem Elementaren, das Auffinden von Zusammenhängen und die Bemühungen zur Klassifizierung des Bekannten sind Kennzeichen nicht allein der heutigen Naturwissenschaft. Im alten China lehrte man z. B. die fünf Elemente Feuer, Erde, Wasser, Holz und Metall, die sich ständig zwischen Erde und Himmel bewegen. Aus dem antiken Griechenland ist der Element-Zyklus Feuer — Erde — Wasser — Luft mit den Kategorien heiß — kalt — naß — trocken bekannt. Im Mittelalter gelang den Arabern eine erste Klassifikation fast aller damals bekannten Stoffe, wobei Quecksilber und Schwefel als besonders elementar angesehen wurden. Derartige Vorstellungen wirkten bis weit in die Neuzeit hinein und behinderten dadurch den theoretisch-chemischen Fortschritt.

Die Vorgeschichte des Periodensystemt beginnt mit der Überwindung der antiken und mittelalterlichen Elementlehren durch *Joachim Jungius* 1642 und *Robert Boyle* 1661, welche das „chemische Element" im heutigen Sinne definierten. Während des 18. Jh. unternahmen verschiedene Forscher ausgedehnte Experimente mit dem Ziel, durch das Studium der chemischen Verwandtschaft die chemischen Stoffe und Phänomene zu systematisieren (*Etienne-François Geoffroy* d. Ä. 1718, *Torbern Bergman* 1775 u. a.), wobei viele Einzeltatsachen entdeckt und Denkanstöße gegeben wurden.

Nachdem in den Jahren 1789 bis 1811 die Grundgesetze der modernen Chemie (einschließlich der Atomtheorie

[1]) Anschrift: 7050 Leipzig, Permoserstr. 15

und des Begriffs „Atomgewicht“) aufgestellt worden waren und sich die Zahl der bekannten Elemente von 18 um 1760 auf fast 50 im Jahre 1811 erhöht hatte, waren wesentliche Voraussetzungen vorhanden, einen tieferen Zusammenhang zwischen den chemischen Elementen zu erkennen. Weil aber die *Avogadro*sche Hypothese (1811) zunächst weitgehend unbekannt blieb und sich nach ihrer „Neuentdeckung“ 1825 nur zögernd durchsetzte und weil es u.a. auch bezüglich des Valenzbegriffes noch lange Zeit Verwirrung gab, mußte es bis zum Jahre 1860 dauern, ehe in den chemischen Theorien Uniformität entstand und vor allem zuverlässige einheitliche Atomgewichte akzeptiert wurden. Dennoch fanden einige Gelehrte schon vorher wichtige Zusammenhänge zwischen den chemischen Elementen:

Eine erste bemerkenswerte Erkenntnis verdanken wir auf unmittelbare Anregung des englischen Phlogistikers *Kirwan* (1733–1812) dem Begründer der Stöchiometrie, *Jeremias Benjamin Richter*. Er entdeckte 1792, daß die (1814 von *Wollaston* so genannten) Äquivalente der damals noch für Elemente gehaltenen Ton-, Bitter-, Kalk-, Beryll-, Strontian- und Baryterde so geordnet eine arithmetische Reihe bilden. Schon Richter versuchte zu verallgemeinern und unbekannte Elemente vorauszusagen. Die von ihm gefundenen Gesetzmäßigkeiten (und seine daraus entwickelte Philosophie [1]) gaben den Anstoß, Atom- und Äquivalentgewichte mit größtmöglicher Exaktheit zu ermitteln (*John Dalton*, *Jöns Jakob Berzelius* u. a.); man versuchte aber auch, das *Richter*sche Progressionsgesetz auf möglichst viele Elemente anzuwenden.

Ein weiterer früher Versuch unter Berücksichtigung der Äquivalentgewichte geht auf den Baseler Arzt *Johann Ludwig Falckner* zurück (1824). Auf der Grundlage des *Lagrange*schen Satzes von den zusammengesetzten Quadraten klassifizierte er alle ihm bekannten Elemente in 17 vergleichssweise gelungene Ordnungen bei schon weitgehender Trennung der Haupt- und Nebengruppenelemente [1].

Johann Wolfgang Döbereiner bemerkte 1817, daß das Atomgewicht des Strontiums das arithmetische Mittel aus den Atomgewichten von Kalzium und Barium ist. (Alle drei Elemente waren 1808 von *Davy* entdeckt worden.) Damit hatte er die wichtige Tatsache gefunden, daß sich die Änderung der Eigenschaften von einem Element zum nächsten ähnlichen im Fortschreiten der Atomgewichte widerspiegelt. Er benutzte daher das Atomgewicht als Maßzahl für die Eigenschaften eines Elements und stellte chemisch ähnliche Elemente zu „Triaden“ zusammen, die man als Vorstufe der Gruppen im Periodensystem ansehen kann. Bis 1829 fand er noch die weiteren Triaden Li-Na-K, S-Se-Te und Cl-Br-J; mittels der letzteren sagte er sogar das Atomgewicht des gerade entdeckten Broms voraus. Trotz eines solchen Erfolges sahen die meisten prominenten Chemiker seinerzeit keinen Nutzen in der Ermittlung derartiger Beziehungen, nur *Leopold Gmelin* lieferte 1827 und 1843 Beiträge zur Triadenlehre. Erst nach *Döbereiners* Tod bemühten sich auch andere Gelehrte um ihre Erweiterung: 1850 bestätigte *Max von Pettenkofer Gmelins* Vermutung, daß auch mehr als drei Elemente eine Gruppe bilden können (z. B. N-P-As-Sb-Bi, Mg-Ca-Sr-Ba und O-S-Se-Te). 1851 entdeckte *Jean Baptiste Dumas* die Analogie der Triaden mit den Radikalreihen in der organischen Chemie [2]. 1853 ordnete *John Hall Gladstone* als erster ([3], S. 20) alle bekannten Elemente nach ihrem Atomgewicht in eine fortlaufende Reihe und fand dabei an manchen Stellen Häufungen und Lücken, die, wie *August de Morgan* (1837–1898) mit Hilfe der Wahrscheinlichkeitstheorie zeigte, nicht zufälliger Art sein konnten [ebd.].

An dieser Stelle muß bemerkt werden, daß sowohl *Döbereiner* als auch seine Nachfolger, zu denen noch *Peter Kremers* (von 1852 ab), *Josiah Parsons Cooke* (1854) und *Ernst Lenssen* (1857) gehören, bis zur Mitte der 50er Jahre gar keine Beziehungen zwischen den Elementfamilien untereinander sahen. Dies wundert nicht, wenn man sich vergegenwärtigt, daß die Atomgewichte nur sehr mangelhaft bestimmt waren (und der Te-J-Umwechsel schon von Anfang an eine Rolle gespielt hatte). So mußte z. B. *Gladstone* angesichts der Reihe

Li = 6,5 Be = 4,7 B = 10,9 C = 6,0 N = 14,0
O = 8,0 F = 19,0

scheitern. Wo aber bereits etwa die richtigen Atomgewichte vorlagen, zeigten sich vereinzelt auch zwischen den Familien Relationen: So erkannte *William Odling* 1857, daß in der Reihe

C = 12 N = 14 O = 16 F = 18

die Wertigkeit gegenüber Wasserstoff von 4 gleichmäßig auf 1 abnimmt, und *Dumas* machte 1858 darauf aufmerksam, daß die Atomgewichte bei den Angehörigen der Stickstoffgruppe und denen der Fluorgruppe um etwa 5 Einheiten auseinanderliegen:

	F = 19	Cl = 35,5	Br = 80	J = 127
	N = 14	P = 31	As = 75	Sb = 122
Differenzen:	5	4,5	5	5

Diese konstante Differenz ist nur möglich, wenn auch in den beiden Familien die Folge der Atomgewichtsdifferenzen gleich ist:

	F–Cl	Cl–Br	Br–J
Differenzen:	16,5	44,5	47
und	N–P	P–As	As–Sb
Differenzen:	16	44	47

Im Jahre 1860 wurde nun ein entscheidender Durchbruch erzielt: Auf Anregung *Friedrich August Kekulés von Stradonitz* fand in Karlsruhe der erste Chemikerkongreß statt, dessen Hauptanliegen es war, der überhandnehmenden „Verwilderung“ in der Chemie durch Begriffsklärung Einhalt zu gebieten und einer einheitlichen Theorie den Weg zu bahnen. Dieser Kongreß wurde von den bedeutendsten Chemikern aus vielen Teilen der Erde besucht, darunter auch von *Lothar Meyer*, *Dmitri I. Mendelejew* und *William Odling*, die wichtige Anregungen erhielten. *Odling* betonte in einer Rede nachdrücklich, daß man einem Element nicht verschiedene, sondern nur ein einziges Atomgewicht beilegen dürfe. Den wichtigsten Beitrag lieferte *Stanislao Cannizzaro* (1826–1910), der, auf der *Avogadro*schen Hypothese und den Forschungen *Auguste Laurents* (1807–1853) aufbauend, den Begriff des Atomgewichts 1858 neu definiert hatte und dieser Definition mit der Hilfe *Odlings*, *Kekulés*, *Adolf Wurtz'*, *Adolf Streckers* und anderer hervorragender Chemiker auf dem Kongreß zum Siege verhelfen konnte.

Obwohl für einige Elemente durch systematische Fehler bzw. Unsicherheit in der Valenz auch in der Folgezeit falsche Atomgewichte erhalten wurden, bestand der Haupterfolg des Kongresses doch darin, daß für die überwiegende Anzahl der mittlerweile etwa 60 bekannten Elemente nun eindeutige und richtige Atomgewichte verfügbar waren.

3. Die Entdeckung der Periodizität

A. E. Béguyer de Chancourtois (1820–1886), *John A. R. Newlands* (1838–1899) und *Lothar Meyer* (1830–1895) erkannten mit den von *Cannizzaro* bestimmten Atomgewichten, daß die Folge der Atomgewichtsdifferenzen von ungefähr 16 bzw. 46 nicht nur bei den Halogenen und der Stickstoffgruppe, sondern auch in anderen Familien (bei den Alkali- und Erdalkalimetallen und der Kohlenstoffgruppe) zu finden ist und ordneten die Elemente nach steigendem Atomgewicht. *Béguyer de Chancourtois*, der eine Schraubenlinie mit einer Ganghöhe von 1/16 der Atomgewichtseinheit wählte, fand 1862/63 chemisch ähnliche Elemente auf der gleichen Mantellinie untereinanderstehend und hatte damit die Periodizität entdeckt. Er faßte das Ergebnis generalisierend in dem Satz zusammen: „Die Eigenschaften der Körper sind Eigenschaften von Zahlen". (Es handelt sich um die aus dem *Pauli*-Prinzip folgenden „magischen" Zahlen Atombaus.)

Newlands entdeckte das periodische Gesetz ein zweites Mal (1864/65). Er erkannte eine Wiederkehr der Eigenschaften nach jeweils 7 Elementen. Sein in Analogie zur Tonleiter so genanntes „Gesetz der Oktaven" hatte, weil es zu starr konzipiert war, wesentliche Mängel; *Newlands* war aber der erste, der die Elemente fortlaufend numerierte, dabei ordnete er bereits das Tellur vor dem leichteren Jod ein. *Newlands* ließ auch schon eine Lücke an der Stelle des damals noch unbekannten und später von *Mendelejew* so detailliert vorausgesagten Germaniums frei [4]!

Lothar Meyer hatte als erster Chemiker zur *Avogadro*schen Hypothese, zur Atomtheorie *Daltons* und zu den um 1800 entdeckten fundamentalen Gesetzen so großes Vertrauen, daß er sie einem Lehrbuch zugrunde legte, welches 1864 erschien. Hierin ist sein erstes System veröffentlicht, das außer den dreiwertigen Elementen die Hauptgruppen in der richtigen Anordnung enthielt. Die heutigen Nebengruppenelemente waren jedoch gesondert aufgeführt, deshalb war Meyer damals von seiner Entdeckung der Periodizität noch einen kleinen Schritt entfernt. 10 Elemente wußte er nicht unterzubringen. Dies lag im wesentlichen daran, daß eine Anzahl dreiwertiger Elemente noch nicht (Scandium, Gallium) oder nur ungenügend bekannt war (Indium war erst 1863 entdeckt worden, Thallium wurde meist als Homologes der Alkalimetalle angesehen). Weil *Meyer* nicht so weit ging, fehlende dreiwertige Elemente vorherzusagen, konnte er z. B. Bor und Aluminium nicht einordnen. Aus seiner Tafel von 1864 ist aber zu entnehmen, daß auch er das spätere Germanium mit einem Atomgewicht von 73 vermutete (vgl. [2], S. 23).

Ende 1864/Anfang 1865 fand dann *Odling* – ebenfalls unabhängig – alle wichtigen Prinzipien des Periodensystems [5]:

1. Bei durchgehender Anordnung aller Elemente nach steigendem Atomgewicht unter Belassung geeigneter Lücken ergeben sich die bekannten Familien analogener Elemente.
2. Den „regulinen" Gruppen ist oft eine Untergruppe zugeordnet.
3. Die Maximalvalenz gegen elektronegative Elemente wächst innerhalb einer Periode stetig von 1 auf 7, und auch der Gang der Wertigkeit bei den Elementen von Li bis F gegenüber Cl bzw. H ist charakteristisch.

Die *Odling*sche Tafel von 1865, die den späteren Tabellen *Mendelejews* und *Meyers* bereits sehr ähnelte, umfaßte 45 Elemente, welche bis auf 3 Irrtümer richtig eingeordnet waren [6]. So stellte er wie *Newlands* und *Meyer* 1864 Tellur vor Jod und erkannte, daß Bor, Aluminium und Thallium zusammengehören. Die Tafel *Odlings* von 1865 ist in Tab. 1 angegeben (nach [7]), das Symbol G (Glucinium) steht darin für Beryllium.

Tab. 1. Erstes Periodensystem von *Odling* 1865

			Mo 96	W 184
				Au 196,5
			Pd 106,5	Pt 197
L 7	Na 23	–	Ag 108	
G 9	Mg 24	Zn 65	Cd 112	Hg 200
B 11	Al 27	–	–	Tl 203
C 12	Si 28	–	Sn 118	Pb 207
N 14	P 31	As 75	Sb 122	Bi 210
O 16	S 32	Se 79,5	Te 129	–
F 19	Cl 35,5	Br 80	J 127	
	K 39	Rb 85	Cs 133	
	Ca 40	Sr 87,5	Ba 137	
	Ti 48	Zr 89,5	–	
	Cr 52,5	–	V 138	Th 231
	Mn 55			

In der Mitte des vorigen Jahrhunderts versuchten auch amerikanische Gelehrte, die chemischen Elemente zu klassifizieren, so *Oliver Wolcott Gibbs* (1822–1908), *Josiah Parsons Cooke* jr. (1827–1894), *Lewis Reeve Gibbes* (1810 bis 1894) und insbes. (*Gustavus Detlef Hinrichs* (1836 bis 1927) [8]. *Hinrichs* veröffentlichte 1867 ein spiralförmiges Periodensystem, das den Systemen von *Mendelejew* und *Meyer* ebenfalls kaum nachsteht.

Meyers erstes periodisches System vom Jahre 1868, konzipiert für die 2. Auflage seines Lehrbuches „Moderne Theorien der Chemie", war das Resultat eines Versuchs, möglichst viele Elemente unterzubringen. Es enthielt 52 Elemente in mittelperiodiger Darstellung (s. Tab. 2). Es ist nur handschriftlich erhalten geblieben und wurde erst 1895 von *Karl Seubert* veröffentlicht. (Das Lehrbuch kam in zweiter Auflage 1872 heraus.)

Inzwischen erschien im April 1869 *Mendelejews* Arbeit „Über die Beziehungen der Eigenschaften zu den Atomgewichten der Elemente". Auch bei ihm war der äußere Anlaß ein beabsichtigtes Lehrbuch der Chemie. Zu dessen Einteilung suchte er nach einem allgemeinen Prinzip und fand – auf den Erfahrungen *Pettenkofers*, *Kremers'*, *Lenssens* und *Dumas'* aufbauend – bei Anordnung der Elemente nach steigendem Atomgewicht die Periodizität ihrer Eigenschaften. In einem verhältnismäßig kurzen, aber mühevollen Ringen um die richtige Einordnung entstand sein erstes, ebenfalls mittelperiodiges System (Tab. 3). Es enthielt noch keine einzige nach steigendem Atomgewicht fortlaufende Reihe, sondern (wegen falsch bestimmter Atomgewichte von Er, Y, In, Ce, La, Th und dem Elementgemisch Didym [Di]) deren drei, die sich nicht zwanglos aneinanderreihen lassen. Dieses System *Mendelejews* brachte zwar gegenüber *Odling* keinen prinzipiellen Fortschritt [5], enthielt aber mit 63 Symbolen mehr Elemente als das erste Periodensystem von *Meyer* (u. a. die richtige Einordnung von Bor und Aluminium), dafür allerdings auch einige Irrtümer mehr. Schon in seiner ersten Arbeit sprach *Mendelejew* aus, daß „die Entdeckung noch zahlreicher unbekannter einfacher Körper zu erwarten ist, z. B. von Elementen ähnlich dem Aluminium und Silizium".

Tab. 2. Erstes Periodensystem von *L. Meyer* 1868

1	2	3	4	5	6	7	8	9	10	11	12	13	14	15
											Li	Be		
											7,03	9,3		
		(Al)	Al				C	N	O	Fl	Na	Mg		
			27,3				12,00	14,04	16,00	19,0	23,05	24,0		
							Si	P	S	Cl	K	Ca	Ti	Mo
							28,5	31,0	32,07	35,46	39,13	40,0	48	92
Cr	Mn	Fe	Co	Ni	Cu	Zn	—	As	Se	Br	Rb	Sr	Zr	Vd
52,6	55,1	56,0	58,7	58,7	63,5	65,0	73	75,0	78,8	79,97	85,4	87,6	90	137
	Ru	Rh	Pd		Ag	Cd	Sn	Sb	Te	J	Cs	Ba	Ta	W
	104,3	104,3	106,0		107,94	111,9	117,6	120,6	128,3	126,8	133,0	137,1	137,6	184
	Pt	Ir	Os		Au	Hg	Pb	Bi			Tl ?			
	197,1	197,1	199,0		196,7	200,2	207,0	208,0			204 ?			

Tab. 3. Erstes Periodensystem von *Mendelejew* 1869

			Ti 50	Zr 90	? 180
			V 51	Nb 94	Ta 182
			Cr 52	Mo 96	W 186
			Mn 55	Rh 104,4	Pt 197,4
			Fe 56	Ru 104,4	Ir 198
			Ni/Co 59	Pd 106,6	Os 199
H 1			Cu 63,4	Ag 108	Hg 200
	Be 4,9	Mg 24	Zn 65,2	Cd 112	
	B 11	Al 27,4	? 68	Ur 116	Au 197 ?
	C 12	Si 28	? 70	Sn 118	
	N 14	P 31	As 75	Sb 122	Bi 210
	O 16	S 32	Se 79,4	Te 128 ?	
	F 19	Cl 35,5	Br 80	J 127	
Li 7	Na 23	K 39	Rb 85,4	Cs 133	Tl 204
		Ca 40	Sr 87,6	Ba 137	Pb 207
		? 45	Ce 92		
		?Er 56	La 94		
		?Yt 60	Di 95		
		?In 75,6	Th 118 ?		

Für *Lothar Meyer* war die Publikation der *Mendelejew*schen Arbeit in deutschen Journalen Anlaß, seine eigenen Studien zu veröffentlichen (Ende 1869 geschrieben, 1870 in Liebigs Annalen erschienen). Darin teilt er in kurzperiodiger Darstellung eine verbesserte Fassung seiner Tabelle mit, die in einigen wesentlichen Punkten über die von *Mendelejew* hinausging. *Meyer* hatte die Periodizität der Atomvolumina genau erforscht und konnte u. a. aufgrund dieser von ihm gefundenen Gesetzmäßigkeit die bei *Mendelejew* noch falsch eingeordneten Elemente Au, Hg, Tl und Pb an die richtigen Stellen setzen. Außerdem begegnet uns hier erstmalig die Einteilung in Haupt- und Nebengruppenelemente. Diese Veröffentlichung *Meyers*, welche ihrerseits nun wieder die weiteren Untersuchungen *Mendelejews* vorangetrieben hat, kann man als Abschluß der Entdeckungsperiode betrachten.

Obwohl die „Tellurische Helix" *Béguyers de Chancourtois* zunächst als „Zahlenmystik" abgelehnt und *Newlands* verspottet wurde, *Odlings* Beitrag keine Beachtung fand und das Periodensystem von *Hinrichs* in Europa kaum bekannt war, ist festzustellen, daß in den Jahren 1862 bis 1869 das periodische System der chemischen Elemente von sechs verschiedenen Entdeckern unabhängig voneinander gefunden wurde [2]. Es wundert nicht, daß es in der Folgezeit auch hier zu Prioritätsstreitigkeiten kam. Dabei waren diejenigen zwischen *Meyer* und *Mendelejew* die längsten, wenngleich sie auch maßvoll verliefen (vgl. [2] und [9]).

Mendelejew und *Meyer*, die also die „letzten" Entdecker waren, sind nicht nur die (etwa wegen ihrer Publikationen in wichtigen Journalen bzw. in ihren Lehrbüchern) bekanntesten, sondern auch die wichtigsten Entdecker, weil sie die Konsequenzen ihres Systems am besten übersahen und es der gesamten Chemie zugrunde legten. Beider Verdienste um das periodische System auch in späteren Jahren sind groß. Über die Ursache der Periodizität konnten sie beim damaligen Wissensstand nur Vermutungen anstellen. Sie stimmten im wesentlichen darüber überein, daß ihr ein Feinbau der Materie zugrunde liege. *Mendelejew* sprach von einer „inneren Mechanik" der Atome; im Gegensatz zu ihm vermutete *Meyer*, „daß die Atome ... nicht die letzten, sondern nur die näheren Bestandteile der Moleküle ... bilden, ... die ihrerseits wiederum aus Massenteilchen einer dritten höheren Ordnung bestehen werden." *Meyer* war der Vorsichtigere von beiden. Obwohl auch er für noch nicht entdeckte Elemente eine Anzahl leerer Plätze frei ließ und einige schlecht bestimmte Atomgewichte anhand der Periodizität der Atomvolumina korrigierte, warnte er davor, etwa Atomgewichte allein aufgrund des Periodensystems abzuändern. Dagegen forderte *Mendelejew* radikal die Korrektur aller dem Periodensystem widersprechenden Atomgewichte, so auch von Tellur bzw. Jod [10]. Die spätere Entwicklung zeigte die Berechtigung der skeptischen Haltung *Meyers*, welche auch von *Odling* geteilt wurde.

4. Die Vervollständigung des Periodensystems bis zum Ende des 19. Jahrhunderts

Mendelejews zweite Abhandlung zum Periodensystem legte er im Dezember 1870 vor. Hierin und in der erweiterten deutschen Fassung (1871) sagte er u. a. 6 damals noch unbekannte Elemente voraus sowie deren chemische und physikalische Eigenschaften, ihr vermutliches Vorkommen und die Begleitmineralien, er gab sogar Darstellungsmethoden an. Besonders ausführlich beschäftigte sich *Mendelejew* mit den Homologen von Bor, Aluminium und Silizium, die noch zu seinen Lebzeiten entdeckt wurden (Gallium 1875 von *Paul Emile Lecoq de Boisbaudran*, Scandium 1879 von *Lars Frederik Nilson* und Germanium 1886 von *Clemens Winkler*). Das Ekasilizium (ESi) sah *Mendelejew* als das wichtigste an und gab für dieses Element die präzisesten und ausführlichsten Prognosen. Wink-

Tab. 4. *Mendelejews* Periodensystem von 1870 (zit. nach [3])

Heutige Gruppen-Nr.	I	II	III	IV	V	VI	VII	VIII
Mendelejews Gruppen-Nr.	11 1	12 2	13 3	14 4	15 5	16 6	17 7	8 9 10
Perioden 1	H 1							
2	Li 7	Be 9,4	B 11	C 12	N 14	O 16	F 19	
3	Na 23	Mg 24	Al 27,3	Si 28	P 31	S 32	Cl 35,5	
4	K 39	Ca 40	—	Ti 48?	V 51	Cr 52	Mn 55	Fe 56 Co 59 Ni 59
	Cu 63	Zn 65	—	—	As 75	Se 78	Br 80	
5	Rb 85	Sr 87	Y? 88?	Zr 90	Nb 94	Mo 96	—	Ru 104 Rh 104 Pd 106
	Ag 108	Cd 112	In 113	Sn 118	Sb 122	Te 125?	J 127	
6	Cs 133	Ba 137	Di? 138?	Ce 140?	—	—	—	— — —
	—	—	—	—	—	—	—	
	—	—	Er? 178?	La? 180?	Ta 182	W 184	—	Os 195? Ir 197 Pt 198?
	Au 199	Hg 200	Tl 204	Pb 207	Bi 208	—	—	
7	—	—	—	Th 231	—	U 240	—	

ler glaubte zunächst, ein von Mendelejew irrtümlich vermutetes „Ekaantimon" (vgl. Tab. 4) gefunden zu haben, doch *Lothar Meyer* machte ihn darauf aufmerksam, daß es sich um das Silizium-Homologe handelte. In Tab. 5 sind die gefundenen Daten den Voraussagen *Mendelejews* gegenübergestellt. Um sich zu so weitgehenden Folgerungen zu entschließen, bedurfte es eines entschiedenen und leidenschaftlichen Glaubens an die Richtigkeit der eigenen Auffassung. Auch bei den anderen Elementen Ga, Sc und später Po, Re und Tc trafen *Mendelejews* Prognosen zu. Diese kühnen und so glänzend bestätigten Voraussagen, mit denen *Mendelejew* wesentlich über seine Mitentdecker hinausging, bedeuteten „eine eminente Erweiterung des chemischen Gesichtsfeldes, einen mächtigen Schritt ins Reich der Erkenntnis" (*Winkler*) und machten den Namen *Mendelejews* auch in den übrigen Teilen Europas bekannt.

Winkler und auch *Friedrich Engels* verglichen *Mendelejews* Vorhersagen mit der Vorhersage des Planeten Neptun. (*Winkler* wollte sein Element deshalb zunächt „Neptunium" nennen.) Während aber *John Adams* und *Urbain Le Verrier* auf eine entwickelte Theorie zurückgreifen konnten, war *Mendelejew* im wesentlichen auf Analogieschlüsse und auf seine Intuition angewiesen. Insofern ähnelt *Mendelejews* prognostische Leistung mehr noch etwa der 1964 bestätigten Voraussage des Ω^--Hyperons, die ebenfalls aufgrund einer Klassifikation (der Hadronen bzgl. der unitären Symmetrie) erfolgte. Auch hier fehlte die eigentliche Theorie.

In den Jahren 1878 bis 1891 wurde der größte Teil der seltenen Erden entdeckt, deren Einordnung in das Periodensystem *L. Meyer* und *Mendelejew* erhebliche Schwierigkeiten bereitete. (Schon in *Mendelejews* Periodensystem von 1870 haben die irrtümlich angenommenen Homologen – die Lücken zwischen Cer und Erbium – ihre Ursache in der damals unbekannten Existenz der Lanthaniden als besonderer Gruppe. *Lothar Meyers* Tabellen wurden in dem Maße schlechter, wie er versuchte, die seltenen Erden einzuordnen [5].) Der Däne *J. Thomsen* und *Mendelejews* langjähriger Mitarbeiter *Bohuslav Brauner* hatten schließlich die richtigen Gedanken:

Brauner nahm, ähnlich wie *Lothar Meyer* an, daß alle Elemente aus einer gemeinsamen Ur-Materie aufgebaut seien und daß die Differenzierung innerhalb der seltenen Erden nur geringer sei als bei den übrigen Elementen. *Brauner* verglich die Gruppe der seltenen Erden einerseits mit den Asteroiden des Sonnensystems, andererseits mit den Elementen der 8. Nebengruppe, bei denen für mehrere Elemente ja nur ein einziger Platz zur Verfügung steht. Er kam neben anderen zu dem Schluß, daß die seltenen Erdmetalle eine besondere interperiodische Gruppe bilden, die nach dem Lanthan in die 6. Periode eingeordnet werden müsse, gab die richtige Reihenfolge an (1902) und wies insbesondere darauf hin, daß noch 2 (nach *Neodym* und nach *Ytterbium*) fehlen.

Thomsen ordnete 1895 die seltenen Erden zwanglos nach dem Lanthan in ein fächerförmiges Periodensystem ein, erkannte ein Bildungsgesetz der Periodenlängen und sagte die richtige Anzahl der seltenen Erden voraus, was endgültig erst 1924 bestätigt werden konnte (s. u.).

Etwa im Jahre 1895 mußte das zeitweilig geänderte Atomgewicht des Tellurs wieder auf seinen früheren Wert (größer als das des Jods) festgelegt werden. Damit und mit

Tab. 5. Vergleich der Eigenschaften des Germaniums mit den von Mendelejew vorausgesagten Eigenschaften des Ekasiliziums (ESi)

	vorausgesagt:	gefunden:
Atomgewicht	72	72,6
Wertigkeit	IV sowie eine niedrigere Valenz	IV und II
Atomvolumen	13	13,5
Dichte	5,5	5,36
Farbe	dunkelgrau	grau bis silberweiß
Schmelzpunkt	schwer schmelzbar	Schmelzpunkt 958 °C
Darstellung	aus $ESiO_2$ oder aus K_2ESiF_6 durch Reduktion mit Na	durch Reduktion mit Na aus K_2GeF_6
chem. Verhalten	wird von HCl kaum angegriffen, beständig gegen Alkalien	beständig gegen NaOH u. HCl
Oxid	$ESiO_2$ sauer u. in geringem Maße basisch	GeO_2, amphoter mit vorherrschenden sauren Eigenschaften
Darstellung	durch Erhitzen des ESi	Ge reagiert mit O_2 zu GeO_2
Molvolumen	22	22,2
Dichte	4,7	4,7
Dioxidhydrat	löst sich in Säuren und kann leicht wieder ausgefällt werden	in Säuren löslich, fällt beim Verdünnen oder bei Zusatz von Basen wieder aus.
Sulfid	$ESiS_2$ in Wasser unlöslich, aber löslich in Amoniumsulfid.	GeS_2 unlöslich in Wasser, leicht löslich in Ammoniumpolysulfidlösung
Hydrid	$ESiH_4$, gasförmig, leicht in die Elemente zerlegbar	GeH_4, gasförmig, zerlegbar bei 350 °C.
Fluorid	$ESiF_4$, nicht gasförmig	$GeF_4 \cdot 3\,H_20$, fest
Chlorid	$ESiCl_4$, flüssig	$GeCl_4$, flüssig
Molvolumen	113	114
Dichte	1,9	1,9
Siedepunkt	90 °C	86,5 °C
Komplexsäure	H_2ESiF_6	H_2GeF_6
Äthylverbindung	$ESi(C_2H_5)_4$	$Ge(C_2H_5)_4$
Siedepunkt	160 °C	163,5 °C
Dichte	0,96	0,99

der Entdeckung des Argons 1894 durch Lord *Rayleigh* und *William Ramsay*, das sich zunächst überhaupt nicht einordnen ließ, geriet nun das Periodensystem in eine Krise. Als es jedoch *Ramsay* noch 1894 gelang, das Helium zu isolieren, war er so von der Bedeutung des Periodensystems überzeugt, daß er, dem Vorbild *Mendelejews* folgend, die Homologen voraussagte und innerhalb weniger Jahre alle Edelgase finden konnte. (Auch *J. Thomsen* sagte nach der Entdeckung des Argons die Edelgase richtig voraus.)

Nun war das Periodensystem um eine ganze Elementgruppe bereichert, von der wenige Jahre vorher kein Wissenschaftler etwas ahnte; erneut hatte sich der heuristische Wert des Systems erwiesen. Da das Argon vor dem bezüglich des Atomgewichts leichteren Kalium eingeordnet werden mußte (wie Te vor J und Co vor Ni), gab es nun allerdings eine Unstimmigkeit mehr. Derartige Inversionen kennzeichneten das „periodische Gesetz“ nur als eine Regel. In diesem Sinne war das Periodensystem um die Jahrhundertwende allgemein anerkannt. Die Erklärung der Anomalien wie auch aller aufgefundenen Zusammenhänge gelang erst im 20. Jahrhundert.

5. Die Deutung des Periodensystems

Die Entdeckung der Radioaktivität brachte erneute Schwierigkeiten. Man hatte die Elementumwandlung zu akzeptieren (was z. B. *Mendelejew* sehr schwer fiel) und mußte versuchen, die neuentdeckten Glieder der natürlichen Zerfallsreihen einzuordnen. Das letztere wurde möglich, als *Frederick Soddy* 1910 die Erscheinung der Isotopie erkannte. Nachdem 1912 *Joseph John Thomson* die Isotopie auch außerhalb der natürlichen Zerfallsreihen entdeckt hatte, konnte man den für das Periodensystem so zentralen Begriff des Atomgewichts als ein gewogenes Mittel verstehen.

Johann Robert Rydberg hatte 1897 den Begriff der Ordnungszahl eingeführt. *Henry Gwyn Jeffreys Moseley* zeigte 1913 mit seinem Gesetz, daß diesen Ordnungszahlen reale Bedeutung zukommt, *van den Broek* erkannte im gleichen Jahr deren Identität mit den Kernladungszahlen des *Rutherford*schen Atommodells. Damit waren die periodischen Eigenschaften der Elemente nun als Funktionen der Ordnungszahlen erklärt. Aus *Moseleys* Gesetz ging im übrigen hervor, daß die u. a. von *Newlands*, *Odling*, *Meyer* und *Mendelejew* vorgenommenen Elementumstellungen, wie auch die Einordnung der seltenen Erden und Edelgase richtig erfolgt waren und daß bis zum Uran nur 92 Elemente existierten, von denen 7 noch unbekannt waren. Bei deren Entdeckung erwies sich das *Moseley*sche Gesetz als ein unfehlbarer Führer. Das Periodensystem gehörte nun zu den grundlegenden Prinzipien der Chemie. Gleichzeitig war die Richtigkeit der Hypothese *L. Meyers* evident geworden, daß zwischen dem Periodensystem und dem Aufbau der Atome eine enge Verbindung bestehen müsse. Das *Bohr-Sommerfeld*sche Atommodell (1913 bzw. 1916) erwies sich als tragfähig genug, diese Zusammenhänge noch vor der Aufstellung der Quantenmechanik und der Formulierung des *Pauli*prinzips zu finden. Auf der Grundlage des von *Bohr* geforderten Schalenaufbaus der Atome tasteten sich verschiedene Wissenschaftler mittels Hypothesen und Erkenntnissen aus den Untersuchungen der Spektrallinien an die Elektronenverteilung der Elemente heran. U. a. fanden *Kossel* 1915/16 und *Lewis* 1916 bezüglich der Edelgaskonfiguration und *R. Ladenburg* 1920 bzgl. der Nebengruppen und Lanthaniden wichtige Teilergebnisse. Im Jahre 1921 konnten dann, das *Pauli*prinzip erahnend, *Bohr* und *Bury* unabhängig voneinander eine vorläufige Lösung aufzeigen. Damit gelang es ihnen auch, erstmalig das Verhalten und die Stellung der Lanthaniden richtig zu deuten. Sie sagten ferner — wie schon *Thomsen* 1895 — das Element Nr. 72 als vierwertiges Zirkonium-Homologes voraus. Dies wurde kurze Zeit später mit der Entdeckung des Hafniums durch *Bohrs* Mitarbeiter *Coster* und *Hevesy* bestätigt. Im Gegensatz zur bis dahin vorherrschenden Meinung erwies sich also das 1907 entdeckte Lutetium als das letzte Element aus der Gruppe der seltenen Erden. *Stoner* sowie *J. D. Main Smith* ermittelten 1924 schließlich die auch bezüglich der Unterschalen richtige Elektronenverteilung [5].

Dem österreichischen Physiker *Wolfgang Pauli* aber erschien schon der *Bohr*sche Deutungsversuch von 1921 als unzureichend [11]. Ihm gelang es nach sorgfältiger Analyse der Atomspektren und des *Zeeman*effektes bei hohen Feldern, in den Jahren 1924/25 sein Ausschließlichkeitsprinzip zu formulieren. Nachdem die Idee des Elektronenspins (*A. Compton* 1921) durch *G. Uhlenbeck* und *S. Goudsmit* 1925 zu einem Bestandteil der Atomtheorie geworden war, konnte man das einzelne Elektron im Atom nun durch vier Quantenzahlen charakterisieren. Nach dem *Pauli*prinzip müssen sich bekanntlich alle Atomelektronen in mindestens einer Quantenzahl voneinander unterscheiden. 1940 zeigte *Pauli* noch, daß sein Prinzip kein zusätzliches neuartiges Gesetz darstellte, sondern aus den relativistischen Wellengleichungen der mittlerweile entwickelten Quantenmechanik folgt.

Damit war das Periodensystem grundsätzlich verstanden: Die Periodizität in den chemischen und physikalischen Eigenschaften der Elemente ist die Widerspiegelung einer tieferen Periodizität, der Periodizität im Schalenaufbau der Atomhülle. Denkt man sich, vom Wasserstoff als erstem Element ausgehend, die Kernladungszahl und damit die Elektronenzahl fortschreitend um eins erhöht, so wird der Aufbau des Periodensystems durch zwei Prinzipien bestimmt: Zum einen gelangt jedes neu hinzutretende Elektron in den Zustand, bei dem der größte Energiebetrag frei wird, zum anderen regelt das *Pauli*prinzip die Verteilung der Elektronen auf die einzelnen Orbitale. So erwiesen sich z. B. die Hauptgruppenelemente als solche, deren Atome durch fehlende oder abgeschlossene d- bzw. f-Orbitale charakterisiert sind; mit Elektronen nur teilweise besetzte d- oder f-Orbitale kennzeichnen die Nebengruppenelemente. Ebenso zwanglos findet die von *Rydberg* schon 1906 gefundene Darstellung der Periodenlängen als $2 \cdot n^2$ mit $n = 1, 2, 3, 4$ ihre Erklärung in abgeschlossenen Orbitalen. Berechnungen der Orbitalenergien mittels moderner quantenchemischer Verfahren auf leistungsfähigen Computern führten auch zu einem Verständnis scheinbarer Unregelmäßigkeiten in der Besetzungsreihenfolge.

Eingegangen am 7. 3. 1980

Literatur

[1] *O. Krätz*, Rete **1** (1972) 145; vgl. auch Nachr. Chem. Techn. **20** (1972) 459
[2] *J. W. van Spronsen*, NTM **6** (1969) 1, 13
[3] *K. Danzer, Dmitri I. Mendeljew* und *Lothar Meyer*, BSB B. G. Teubner Verlagsgesellschaft, 2. Aufl. Leipzig 1974
[4] *H. Cassebaum*, Chemiker-Ztg./Chem. Apparatur **92** (1968) 543
[5] *H. Cassebaum*, Z. Chem. **9** (1969) 81
[6] *H.-D. Hardt*, Naturw. Rdsch. (1966) 313
[7] *A. Heidemann*, Urania **1950**, 59
[8] *G. B. Kauffman*, Journal of Chem. Education **46** (1969) 128
[9] *J. W. van Spronsen*, Journal of Chem. Education **46** (1969) 136
[10] *D. I. Mendelejew*, Grundlagen der Chemie, Carl Ricker, Leipzig 1882, S. 684, 685, 726ff., 761ff. (zit. nach [5])
[11] *V. F. Weisskopf*, Physik in unserer Zeit **2** (1971) 111

Fortschrittsberichte

STAND UND ENTWICKLUNGSTENDENZEN AUF DEM GEBIET DER ISOTOPEN- UND STRAHLENTECHNIK

Stand und Entwicklungsmöglichkeiten der Ionisationsgasanalyse
Teil I: Allgemeine Grundlagen und Elektronenanlagerungsdetektoren

J. W. Leonhardt, H.-J. Große, P. Popp

(Zentralinstitut für Isotopen- und Strahlenforschung der AdW der DDR)[1])

Die Ionisationsgasanalyse ist eine gasanalytische Methode, die auf der Änderung der durch Ionisation von Atomen oder Molekülen hervorgerufenen Leitfähigkeit von Gasen beruht. Ausgehend von einer allgemeinen Charakterisierung der auf diesem Verfahren basierenden Ionisationsdetektoren (Elektroneneinfang-, Aerosolionisations-, Ionisierungsquerschnitts- und Edelgasdetektoren) werden deren Theorie, Eigenschaften, Hauptanwendungsgebiet und Entwicklungsmöglichkeiten aufgezeigt und diskutiert.

Keywords

electron-capture detectors; gas analysis; gas chromatography; ionization; ionization gages; radiation detectors radiometric gages; reviews

1. Einleitung

Die Nutzung der ionisierenden Wirkung radioaktiver Strahlung zur Bestimmung von Strahlungsintensitäten führte bereits um die Jahrhundertwende zu einem systematischen Studium der Wechselwirkungsvorgänge zwischen Kernstrahlung und Gasen. Bei derartigen Untersuchungen zeigte es sich, daß die Zahl der erzeugten Ladungsträger nicht nur von der Intensität und den Eigenschaften der ionisierenden Strahlung, sondern auch von der Art des bestrahlten Gases abhängt. Damit ergab sich die Möglichkeit, die in einem Gassystem durch Strahlung erzeugten Ladungsträger mit der stofflichen Zusammensetzung des bestrahlten Systems zu korrelieren.

So beschreibt im Jahre 1935 *Malsallez* [1] eine Kompensationsschaltung zweier Ionisationskammern mit eingebauter radioaktiver Strahlungsquelle, mit der die Gehalte unterschiedlichster Gase (z. B.: 0,01% Cl_2, SO_2, NH_3, C_2H_5OH) in Luft bestimmt werden konnten. Dieses Meßverfahren gelangte aber erst ab 1953, ausgelöst vor allem durch die Arbeiten von *Pompeo* und *Otvos* [2], *Boer* [3] und *Lovelock* [4], in den Strahlungsionisationsdetektoren für die Gaschromatographie zur breiten Anwendung (z. B.: Elektronenanlagerungsdetektoren).

Die Entwicklung ionisationsgasanalytischer Meßmethoden und ihre Anwendung in den unterschiedlichsten Bereichen von Industrie und Forschung ist bisher noch nicht abgeschlossen [5]. In der vorliegenden Arbeit sollen deshalb neben einer Analyse des gegenwärtig erreichten Standes der Ionisationsgasanalyse auch ihre künftigen Entwicklungsmöglichkeiten aufgezeigt werden.

2. Allgemeine Grundlagen der Ionisationsgasanalyse

2.1. *Charakterisierung ionisationsanalytischer Detektoren*

Die Ionisationsgasanalyse ist eine gasanalytische Methode, die auf der Änderung der durch Ionisation von Atomen oder Molekülen hervorgerufenen Leitfähigkeit von Gasen beruht [6]. Die praktische Realisierung dieses Meßprinzips erfolgt im allgemeinen durch Messung und Vergleich der in einer für ionisationsgasanalytische Zwecke modifizierten Ionisationskammer unter definierten Bedingungen fließenden Ionisationsströme bei Ab- und Anwesenheit

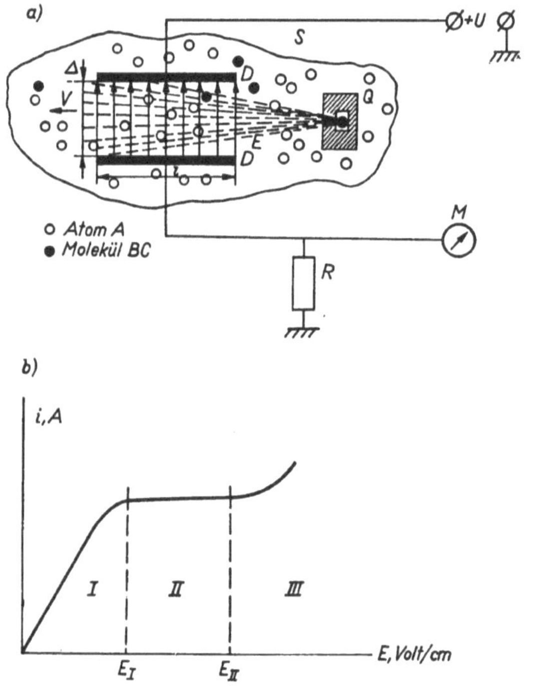

Abb. 1 (a) Prinzipieller Aufbau eines Ionisationsdetektors
D – Elektroden; Q – Strahlungsquelle; d – Plattenabstand zwischen den Elektroden; v – Gasstrom; l – Länge der Meßzelle; S – Gassystem
(b) Abhängigkeit des Ionisationsstromes i von der Feldstärke E
I – Rekombinationsbereich; II – Sättigungsbereich; III – Feldverstärkungsbereich
Bitte beachten: statt Δ in 1(a) lies d

[1]) Anschrift: 7050 Leipzig, Permoserstr. 15

der Meßkomponente bzw. -komponenten im Trägergas Abb. 1(a) zeigt den prinzipiellen Aufbau einer derartigen Vorrichtung. Eine Kernstrahlungsquelle Q emittiert α-, β- oder γ-Strahlung, die primär mit dem Gassystem S, das aus Atomen A und/oder Molekülen BC besteht, wechselwirkt. Die hierbei erzeugten Ladungsträger werden durch ein elektrisches Feld E an den Elektroden D gesammelt und erzeugen einen Ionisationsstrom i, der durch den Verstärker M gemessen wird.

Bei einem derartigen Verfahren erfordert die Bestimmung der Konzentration eines n-Komponentengemisches $n - 1$ unabhängige Messungen und die Lösung eines Gleichungssystems von $n - 1$ Unbekannten. Da hierzu ein bedeutender Aufwand erforderlich ist, wurde die Ionisationsgasanalyse bisher überwiegend bei binären bzw. quasibinären Gemischen angewendet.

Die Nachweisempfindlichkeit ionisationsgasanalytischer Verfahren kann mit Hilfe des Bremsvermögens $d\varepsilon/dx$ und unter Berücksichtigung der Tatsache, daß etwa die Hälfte der Strahlungsenergie zur Ionisation führt [7], abgeschätzt werden. Verwendet man zu diesem Zweck die unter vereinfachenden Annahmen ermittelte *Bethe*sche Formel [8]

$$-\frac{d\varepsilon}{dx} = 0{,}30\varrho\,\frac{Z}{A}\,\frac{1}{\beta_T}\ln\frac{1{,}16\varepsilon}{I_0} \qquad (1)$$

in der β_T der Quotient aus Teilchen- und Lichtgeschwindigkeit, ϱ die Gasdichte, Z bzw. A Ordnungs- und Massenzahlen und I_0 ($15{,}6 \leq I_0 \leq 853$ eV) das stoffspezifische Potential des Gases sind, so ergibt sich aufgrund etwa gleicher Werte $\frac{Z}{A}$ und nur geringer Dichteunterschiede der Komponenten eines Gasgemisches wegen der logarithmischen Verknüpfung von I_0 eine geringste nachweisbare Konzentration unterschiedlichster Gase von ca. $c = 10^{-4}$. Die Empfindlichkeit der Methode kann jedoch bedeutend verbessert werden, wenn der primären Ladungsträgererzeugung andere Effekte überlagert werden, wie

(A) Beeinflussung der Rekombination primärer Ladungsträger durch Bildung von Ladungsträgern großer Masse (negative Ionen, Großionen)

(B) Multiplikation primär erzeugter Ladungsträger durch elektrische Felder.

Die Korrelation zwischen dem Ionisationsstrom i und den stoffspezifischen Variablen, wie sie durch (1) gegeben ist, muß somit um Parameter erweitert werden, die das Verhalten der Ladungsträger im Feld E beschreiben, so daß

$$i = F(\dot{n}, g, \sigma, c, v, E/p) \qquad (2)$$

gilt.

In (2) charakterisieren $\dot{n}$ die Intensität und Energie der einfallenden Strahlung, σ alle denkbaren Wechselwirkungsquerschnitte und c die Konzentrationen der Gaskomponenten. Solange im betrachteten Volumen nicht die gesamte Strahlung absorbiert wird, beeinflussen die Geometrieverhältnisse g die Ionisation. Erfolgt die Ionenstrommessung in strömenden Gasen, muß ein möglicher Einfluß der Gasstromgeschwindigkeit v beachtet werden.

In Abhängigkeit vom Feldstärke-Druck-Verhältnis E/p der Meßanordnung nach Abb. 1(a) ergibt sich für Ionisationsdetektoren ein wichtiges Systematisierungsprinzip (s. Abb. 1(b)):

1) Rekombinationsbereich ($E < E_I$): Die Sammlung der Ladungsträger im System erfolgt in Konkurrenz zur Rekombinationsrate $q_R = \alpha_R N^+ N^-$ im Volumen des Detektors. Dabei sind α_R der Rekombinationskoeffizient, N^+ und N^- die Konzentrationen positiver und negativer Ionen im Gas. Folglich hängt die Differenz der Ionisationsströme bei Ab- und Anwesenheit der Meßkomponente Δi stark von der Konzentration negativer Ionen sowie von α_R ab. Damit ergeben sich Möglichkeiten der Verbesserung der Empfindlichkeit und Selektivität im Sinne von (A). Der Ionisationsstrom wird durch alle in (2) enthaltenen Größen beeinflußt. Es ergeben sich folgende Detektionsvarianten:

- Elektronenanlagerungsdetektoren (ECD) mit hohen Empfindlichkeiten für elektronegative Substanzen
- Aerosolionisationsdetektoren(AID) mit hohen Empfindlichkeiten durch Anlagerung von Kleinionen an Aerosole.

2) Sättigungsbereich ($E_I < E < E_{II}$): In diesem Bereich erfolgt eine nahezu völlige Sammlung aller erzeugten Ladungsträger. Der Ionisationsstrom i (s. (2)) hängt nicht von E, v und im Falle totaler Absorption auch nicht von p ab. Die Gaskomponenten liefern gemäß ihrer mittleren Ionisierungsquerschnitte bzw. W-Werte Beiträge zum Strom. Es ergeben sich folgende Detektionsvarianten:

- Ionisierungsquerschnittsdetektoren (CSD)
- W-Wert-Detektoren (WID)

3) Feldverstärkungsbereich ($E > E_{II}$): Die Feldstärke ist so hoch, daß durch Ionisation erzeugte Elektronen derart beschleunigt werden, daß sie unelastisch stoßen. Damit wird die Ionisationsstromausbeute bedeutend erhöht. Eine Ladungsträgervervielfachung im Sinne von (B) ist vor allem in Edelgasen möglich, deren erste Anregungspotentiale metastabil sind und relativ hohe Anregungsenergien besitzen. Fremdgaskomponenten mit einem Ionisationspotential, das kleiner ist als das Anregungspotential der metastabilen Zustände werden durch Stöße zweiter Art ionisiert und bewirken eine Stromerhöhung, während Fremdgaskomponenten mit größerem Ionisationspotential eine Stromabsenkung hervorrufen. Diesen Möglichkeiten entsprechend gibt es verschiedene Arten von Edelgasdetektoren (NGD). In diesen Fällen sind alle Variablen in (2) in Rechnung zu setzen.

2.2. *Konstruktionsprinzipien von Ionisationsdetektoren*

Die Geometrie von Ionisationsdetektoren wird durch den jeweils verwendeten Wechselwirkungseffekt zwischen Strahlung und Gas, den Anwendungszweck (z. B. GC, kontinuierliche Messung) sowie Randbedingungen technischer Art (z. B. Geometrie verfügbarer Quellen) bestimmt. Die meist verwendeten geometrischen Anordnungen von Ionisationsdetektoren zeigt Abb. 2. Parallelplatten- und Zylindergeometrie werden vor allem bei Detektoren mit 2 Elektroden verwendet. Häufig ist die Strahlungsquelle auf einer Elektrode fixiert; oft dient die Strahlungsquelle als Mittelelektrode (^{90}Sr, ^{85}Kr). Das elektrische Feld ist in diesen Fällen, wie aus Abb. 2 ersichtlich, homogen bzw. quasihomogen. Andere kombinierte Geometrien sind mit inhomogenen Feldern verbunden. Durch Verwendung inhomogener Felder ist es möglich, Ladungsträger zu trennen und an speziellen Elektroden abzuscheiden bzw. die zur Ladungsträgervervielfachung erforderlichen hohen Feldstärken zu erreichen. In Abb. 2 sind weiterhin die am häufigsten verwendeten Radionuklide neben der für die verschiedensten Detektoren bevorzugten Geometrie angegeben.

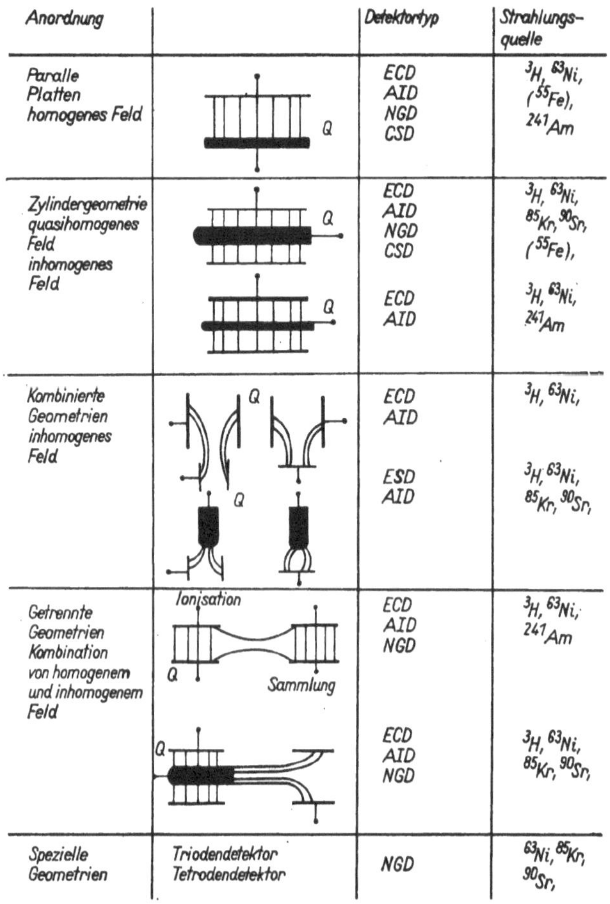

Abb. 2. Übliche Geometrien und Strahlungsquellen von Ionisationsdetektoren
ECD – Elektronenanlagerungsdetektor; AID – Aerosolionisationsdetektor; CSD – Ionisierungsquerschnittsdetektor; NGD – Edelgasdetektor; Q – Strahlungsquelle

Die zu messenden Ionisationsströme von Ionisationsdetektoren liegen zwischen 10^{-8} und 10^{-14} A. Die Messung dieser Ströme erfolgt üblicherweise nach der Spannungsabfallmethode an einem Widerstand R (s. Abb. 1(a)) mit Hilfe eines Schwingkondensatorelektrometers. Die Isolationswiderstände der Detektoren sind deshalb größer als 10^{12} Ω zu wählen. Für Temperaturen < 150 °C wird meist PTFE, für wesentlich höhere Temperaturen keramisches Material verwendet.

3. Verwendete Begriffe [9]

In der nachfolgenden Beschreibung der verschiedenen Ionisationsdetektoren werden folgende Begriffe verwendet, die einen Vergleich mit andersartigen gasanalytischen Verfahren ermöglichen:

S = Meßwert des Ionisationsdetektors, der gewöhnlich durch eine durch die Konzentrationsänderung Δc bewirkte Ionisationsstromänderung Δi gewonnen wird.

SP = Störpegel des Detektors, der durch die statistische Schwankung des radioaktiven Zerfalls entsteht.

$E_N = \frac{dS}{dc}$ = Nachweisempfindlichkeit des Detektors (Response)

$c_{min} = \frac{b \times SP}{E_N}$ = Nachweisgrenze des Detektors

b = Verhältnis von Meßsignal zum Störpegel, von dem ab die zu messende Komponente mit einer festzulegenden Sicherheit nachgewiesen wird (meist: $b = 3$)

L = Linearbereich des Detektors, für den $\frac{dS}{dc}$ = const. gilt (gewöhnlich werden 3 ...5% Abweichung von der Linearität als obere Grenze des Linearbereiches festgelegt)

$\Sigma = \frac{E_{Nj}}{E_{Ni}}$ = Spezifität des Detektors

($\Sigma \to 1$, falls gleiche Anzeige aller Komponenten
$\Sigma \to \infty$ für hochspezifischen Nachweis einer Komponenten oder Substanzgruppe.)

4. Elektronenanlagerungsdetektoren

4.1. *Theorie*

Befindet sich ein Gasgemisch, bestehend aus der Grundkomponente A und der elektronegativen Komponente BC im Ionisationsdetektor, der im Rekombinationsbereich ($E < E_I$) betrieben wird, so laufen vor allem folgende Prozesse ab:

(I) Ionisation des Gasgemisches

$\beta + A, BC \to A^+, BC^+ + e^- + \beta$

(II) Bildung negativer Ionen

$BC + e^- \to B\cdot + C^-$ Dissoziativer Einfang ($B\cdot$, C^- = Bruchstücke)

$BC + e^- \to BC^-$ Direkter Einfang

(III) Zerfall negativer Ionen

$BC^- + A \to BC + A + e^-$

$BC^- + A \to B\cdot + C^- + A$

(IV) Rekombinationsprozesse

$BC^- + A^+ \to BC + A$

$BC^- + A^+ \to B\cdot + C + A$

Für die zeitlichen Änderungen der Konzentrationen von Elektronen, positiven Ionen und negativen Ionen im Detektor erhält man unter Vernachlässigung der Diffusion folgende Differentialgleichungen:

$$\frac{dn_e}{dt} = q_0 - q^- - \alpha_R^* n_e n^+ - \vec{v}_e \nabla n_e \quad (3)$$

$$\frac{dn^+}{dt} = q_0 - \alpha_R^* n_e n^+ - \alpha_R n^+ n^- - (\vec{v}^+ + \vec{v}) \nabla n^+ \quad (4)$$

$$\frac{dn^-}{dt} = q^- - \alpha_R n^+ n^- - (\vec{v}^- + \vec{v}) \nabla n^- \quad (5)$$

mit

q_0: Bildungsrate von Ionenpaaren
q^-: Bildungsrate negativer Ionen
$\vec{v}_e, \vec{v}^+, \vec{v}^-$: Driftgeschwindigkeiten von Elektronen, positiven und negativen Ionen
$\vec{v}$: Strömungsgeschwindigkeit des Trägergases
α_R: Rekombinationskoeffizient der Ionen-Ionen-Rekombination
α_R^*: Rekombinationskoeffizient der Elektronen-Ionen-Rekombination.

Im Gleichgewichtsfall sind die zeitlichen Änderungen der Teilchenkonzentrationen

$$\frac{dn_e}{dt} = \frac{dn^+}{dt} = \frac{dn^-}{dt} = 0 \qquad (6)$$

Diese Gleichungen wurden durch *Wentworth* und Mitarbeiter [10—12], *Scolnick* [13], *Popp* [14], *Leonhardt* [15] und andere näherungsweise gelöst. *Wentworth* u. a. erhalten unter der Annahme eines thermischen Gleichgewichtes die Beziehung

$$\frac{i_0 - i}{i} = \frac{S}{i_0 - S} = Kc \qquad (7)$$

wobei K der Elektronenanlagerungskoeffizient ist, für den die statistische Thermodynamik den Ausdruck $K = ZT^{-3/2}\, e^{\Delta E/kT}$ liefert. Dabei ist T die Gastemperatur und ΔE die Aktivierungsenergie. Die Abhängigkeit des Koeffizienten K von T für Substanzen, die nach verschiedenen Anlagerungsmechanismen reagieren, ist in Abb. 3 dargestellt. Die quantitative Kopplung zwischen K und den Elektronenanlagerungsquerschnitt $\sigma(\varepsilon)$ fanden *Popp*, *Leonhardt* und *Oppermann* [16].

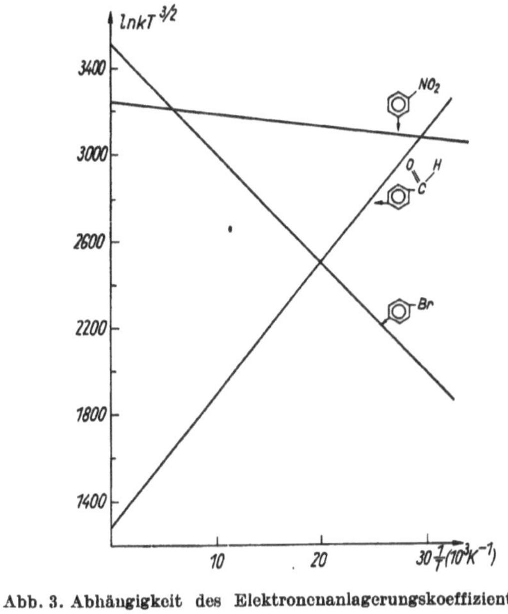

Abb. 3. Abhängigkeit des Elektronenanlagerungskoeffizienten K von der Temperatur des ECD

Die Empfindlichkeit des ECD erhält man aus

$$E_N = \frac{dS}{dc} = \frac{Ki_0}{(1 + Kc)^2} \approx Ki_0 \qquad (c \to 0) \qquad (8)$$

Die Nachweisgrenze ergibt sich dann zu

$$c_{\min} = \frac{3}{\sqrt{2\dot{n}\tau}} \frac{1}{K} \qquad (9)$$

wenn

$$b = 3\,, \qquad SP = \frac{i_0}{\sqrt{2\dot{n}\tau}} \qquad (10)$$

gilt.

In (9) und (10) sind $\dot{n}$ die Zahl der pro Sekunde von der Strahlungsquelle emittierten Teilchen und τ die Zeitkonstante der Anordnung (b, SP, s. Abschnitt 3).

4.2. *Betriebsbedingungen des ECD*

4.2.1. Wahl der Strahlungsquelle. Besondere Bedeutung bei der Konstruktion eines ECD hat die Wahl der Strahlungsquelle, an die folgende Forderungen zu stellen sind:

— Die Strahlung soll im Ionisationsraum möglichst total absorbiert werden (Abbremsung der Primär- und Sekundärelektronen auf thermische Energien, hohe Ladungsträgerausbeute);
— Die Strahlung soll das Gas inhomogen ionisieren (hohe Ladungsträgerdichte in Nähe der Quelle und als Folge davon große Rekombinationsraten);
— Die Quelle muß hochtemperaturbeständig sein.

Diese Forderungen schränken die Zahl der verwendbaren Quellen im wesentlichen auf die von *Shoemake*, *Fenimore* und *Zlatkis* [17] zusammengestellten Nuklide ein.

Insbesondere sind ^{3}H-Quellen mit einer Reichweite von wenigen mm im Gas und hoher spezifischer Aktivität geeignet [18]. Die bisher ungenügende Temperaturbelastbarkeit (200 °C) [19] entfällt bei den neu entwickelten Sc-^{3}H-Quellen [20]. Für Hochtemperaturuntersuchungen werden ^{63}Ni-Quellen bevorzugt [21], [22]. EC-Detektoren mit unterschiedlichen Strahlungsquellen vergleichen [14, 23, 24].

4.2.2 Einsatzvarianten. ECD werden in verschiedenen Varianten zur Spurenanalytik elektronegativer Verbindungen eingesetzt. Diese Varianten kann man folgendermaßen unterteilen

(a) DC-Detektoren
(b) impulsbetriebene Detektoren
(c) Elektronenanlagerungsspektroskopie.

a) DC(direct current)-Detektoren arbeiten mit Gleichspannung, der Arbeitspunkt liegt im Anstiegsbereich der Strom-Spannungs-Charakteristik. Diese Betriebsart des ECD wird u. a. von [14], [25—32] beschrieben. Gemessen wird im allgemeinen die Absenkung des Grundionisationsstromes bei Anwesenheit negativer Ionen infolge verstärkter Rekombination. Eine Variante erlaubt es, die gebildeten negativen Ionen unmittelbar zu messen (s. [14], [33]).

b) Beim Impulsbetrieb werden in bestimmten Intervallen (100—1000 µs) die Elektronen durch einen kurzzeitig angelegten Spannungsimpuls (0,1—10 µs Breite) aus der Ladungsträger„wolke" im ECD abgesaugt. Diese Betriebsweise hat den Vorteil, daß während der größten Zeit im Detektor eine quasi-thermische Elektronenenergieverteilung vorausgesetzt werden kann und im feldfreien Raum Anlagerungs- und Rekombinationsprozesse optimal verlaufen. Der Impulsbetrieb (Abhängigkeit des Signals von Pulshöhe, -breite und -intervall) wird ausführlich von *Devaux* und *Guiochon* [34—36] und von anderen Autoren [10—12; 37—41] beschrieben. *Maggs* u. a. [42] führten den ECD mit variabler Frequenz ein. Dabei wird der Ionisationsstrom beim Einbringen elektronegativer Verbindungen konstant gehalten, indem die Frequenz der angelegten Impulse variiert wird. Die Impulsfrequenz wird damit ein Maß der Konzentration der Fremdgasmoleküle im Detektor. Der Vorteil dieses Detektors besteht darin, daß sein Linearbereich mit 5 × 10^4 etwa um den Faktor 50 den konventioneller impulsbetriebener EC-Detektoren übersteigt.

Lovelock u. a. [43] wiesen als erste auf die Verwendungsmöglichkeit des Impuls-ECD zur Coulometrie in der Gasphase hin. Ein solches coulometrisches Ansprechen wird erreicht, wenn die Elektronenkonzentration im Detektor die der (stark anlagernden) Probenmoleküle erheblich übersteigt. Der ECD arbeitet dann mit höchster Empfindlichkeit und zwischen Signal und Probenkonzentration besteht ein linearer Zusammenhang. Das Verhalten derartiger ECD wurde in letzter Zeit vor allem in Arbeiten von *Bros* u. a. [44] sowie *Rosiek* u. a. [45] näher untersucht.

c) Eine Methode, elektronegative Komponenten hochempfindlich zu messen und aufgrund ihrer „Elektronenanlagerungsspektren" zu identifizieren, beschreiben *Lovelock*, *Fenimore* und *Zlatkis* [46] für impulsbetriebene Detektoren und *Popp*, *Leonhardt* und *Oppermann* [16] für DC-Detektoren. Dabei wird die Energie der anlagerungsfähigen Elektronen durch Anlegen eines hochfrequenten Wechselfeldes während der Abstände zwischen zwei Impulsen bzw. durch Überlagern eines solchen Feldes über die Betriebsspannung in Abhängigkeit von der Geometrie, der Strahlungsquelle und dem verwendeten Trägergas zwischen thermischer Energie und einer mittleren Elektronenenergie von 1 eV variiert. Die Abhängigkeit des Anlagerungskoeffizienten K von der mittleren Elektronenenergie ergibt substanzspezifische Kurven, in deren Maxima Substanzen mit Empfindlichkeiten nachgewiesen werden, die oft um Größenordnungen über den bei thermischen Energien ermittelten liegen (s. Abb. 4).

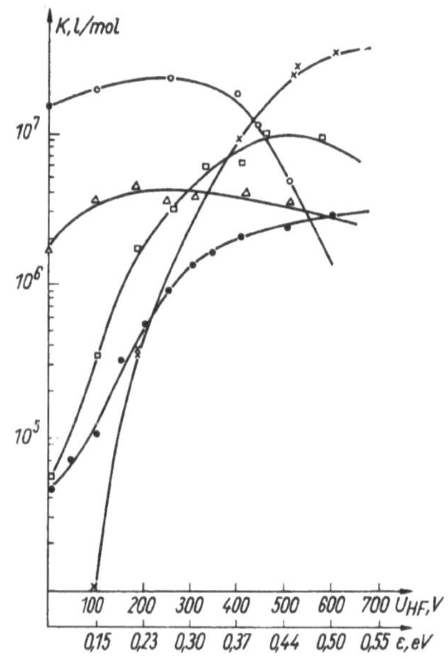

Abb. 4. Abhängigkeit des Elektronenanlagerungskoeffizienten K von der mittleren Elektronenenergie
× – Chlorbenzol; ○ – ($K \times 10^{-2}$) Propyljodid; △ – ($K \times 10^{-2}$) Nitrobenzol; ● – Methylenchlorid; □ – ($K \times 10^{-2}$) Benzylchlorid

4.3. *Leistungsdaten und Anwendungsgebiete*

Entsprechend der Größe des Elektronenanlagerungskoeffizienten, der nicht unmittelbar der Elektronenaffinität, sondern dem von *Christophorou* [47] definierten „mittleren Einfangsquerschnitt" proportional ist, umfaßt die Skala der relativen Empfindlichkeitswerte, die mit EC-Detektoren erreicht werden, etwa 7 Größenordnungen. Substanzen, die keine elektronegativen Gruppen enthalten, wie z. B. Alkane, werden mit geringer, Halogenverbindungen mit weitaus größerer Empfindlichkeit angezeigt. Die Empfindlichkeit des ECD auf verschiedene Halogenver-

Tab. 1. Relative Elektronenanlagerungskoeffizienten verschiedener Substanzen

Art der Verbindung	K (relativ)	Ausgewählte Beispiele
Alkane, Alkene, Alkine, aliphatische Ester Ester und Diene	0,01	Hexan
		Benzol
		Cholesterol
		Benzylalkohol
	0,1	Naphthalin
aliphatische Alkohole, Ketone, Aldehyde, Amine, Nitrile, Mono-Fluor- und Monochlorverbindungen	1,0	Vinylchlorid
		Äthylazetoazetat
		Chlorbenzol
Enole, Oxalatester, Monobrom-Dichlor- und Hexafluorverbindungen	10,0	*cis*-Stilben
		trans-Stilben
		Azobenzol
		Azetophenon
Trichlorverbindungen, Chlorhydrate, Anhydrite, Barbiturate, Thalidomide, Alkyl-Blei-Verbindungen	300,0	Allylchlorid
		Benzaldehyd
		Bleitetraäthyl
		Benzylchlorid
		Azulen
Monojod-Dibrom- und Trichlorverbindungen, Mononitroverbindungen, Zinnamaldehyd, fungistatische Verbindungen, Pestizide	1 000,0	Zinnamaldehyd
		Nitrobenzol
		Schwefelkohlenstoff
		1,4-Androstadien-3,11,17-trien
1,2-Diketone, Fumaratester, Pyruvatester, Quinone, Nitroverbindungen, Organoquecksilberverbindungen	10 000,0	Dinitrobenzol
		Dijodbenzol
		Dimethylfumarat
		Tetrachlorkohlenstoff

bindungen variiert aber so stark, daß auch hier präzisere Aussagen notwendig sind. Allgemein steigt sie in der Reihenfolge

$$F < Cl < Br < J$$

$$C_nX < C_{n-1}X_2 < C_{n-2}X_3 < \ldots \text{ (X – Halogenatom)}$$

an. Verschiedentlich wurde der Versuch unternommen, aus Bindungsart und Substituenten Rückschlüsse auf den Einfangkoeffizienten zu ziehen [48–58]. Relative Einfangkoeffizienten für bestimmte Verbindungen bzw. Verbindungsgruppen werden von *Lovelock* und *Gregory* [25] angegeben. Sie sind in Tab. 1 zusammengestellt. Diese Tabelle ermöglicht es, bei bekannter Nachweisgrenze bestimmter Substanzen im ECD auf den Nachweis anderer Substanzen zu schließen. In Tab. 2 sind die Nachweisgrenzen und die Ausdehnung des Linearbereiches für Lindan beim Einsatz von EC-Detektoren verschiedener Hersteller (Angaben nach Prospektmaterialien) zusammengestellt. Hieraus ist ersichtlich, daß die Nachweisgrenzen unabhängig von Geometrie, Betriebsart und verwendeter Strahlenquelle größenordnungsmäßig gut übereinstimmen. Sie erreichen nahezu den Wert, der von *Pellizzari* [59] als

Tab. 2. Detektionsgrenzen und Linearbereiche verschiedener Elektronenanlagerungsdetektoren (Substanz: Lindan)

Hersteller	Quelle	Nachweisgrenze g/s	Linearbereich
Varian	^{3}H	$2 \cdot 10^{-14}$	$5 \cdot 10^{2}$
Varian	^{63}Ni	$7 \cdot 10^{-14}$	50
Varian	Sc-^{3}H	$5 \cdot 10^{-15}$	10^{3}
Pye	^{3}H	$2 \cdot 10^{-14}$	$10^{2}-10^{3}$
Carlo Erba	^{3}H	$2 \cdot 10^{-14}$	10^{3}
Perkin Elmer	^{3}H	10^{-14}	10^{4}
ZfI Leipzig	^{85}Kr	$3 \cdot 10^{-14}$	$5 \cdot 10^{2}$

Tab. 3. Hauptanwendungsgebiete und Detektionsgrenzen von EC-Detektoren nach *Leonhardt* u. a. [5]

Verbindungsklasse	Ausgewählte Probensubstanzen	Nachweisgrenze
Halogenkohlenwasserstoffe	Methylchlorid	$2 \cdot 10^{-8}$
	Dichlormethan	10^{-10} g/s
	Chloroform	$2{,}5 \cdot 10^{-12}$ g/s
	Tetrachlorkohlenstoff	$3{,}0 \cdot 10^{-14}$ g/s
Pestizide	Dieldrin	$4{,}0 \cdot 10^{-14}$ g/s
	DDT	$5{,}0 \cdot 10^{-14}$ g/s
	Aldrin	$3{,}0 \cdot 10^{-14}$ g/s
anorganische Metallverbindungen	Phosphorthiochlorid	10^{-11} g/s
	Siliziumtetrachlorid	$4{,}0 \cdot 10^{-11}$ g/s
metallorganische Verbindungen	Trimethyläthylblei	$1{,}3 \cdot 10^{-10}$ g/s
	Tetraäthylblei	$7{,}8 \cdot 10^{-10}$ g/s
toxische anorganische Verbindungen	Stickstoffdioxid	100 ppm
	Lachgas	10^{-2} ppm
	Schwefelkohlenstoff	$2{,}0 \cdot 10^{-3}$ ppm
	Phosgen	$4{,}0 \cdot 10^{-3}$ ppm
Metallchelate	Kupfer- u. Nickel-β-Ketonaminchelate	$10^{-9}-10^{-12}$ g

untere Nachweisgrenze des ECD berechnet wurde. In Tab. 3 sind Hauptanwendungsgebiete des ECD mit den für charakteristische Substanzen erreichten Nachweisgrenzen angegeben.

Der Anwendungsbereich des ECD vergrößert sich durch Umwandlung von Substanzen geringer Elektronenaffinität in Derivate mit starker Elektronenaffinität beträchtlich. Diese Möglichkeit der Derivatbildung wird ausführlich von *Ahuja* [60] beschrieben (243 Literaturangaben). Beispiele für solche Analysen geben *Leonhardt* u. a. [5] an. Abschließend sei bemerkt, daß insbesondere für den Nachweis von toxischen Verbindungen in biologischem Material die GLC mit EC-Detektoren ständig an Bedeutung gewinnt. Es ist abzuschätzen, daß der ECD auch in den nächsten Jahren der am häufigsten eingesetzte Strahlungsionisationsdetektor bleibt.

Eingegangen am 20. 3. 1980

Literatur

[1] *P. Malsallez*, Gaz de Combat **1** (1935) 79
[2] *D. J. Pompeo, J. W. Otvos*, Shell Development Co., US-Patent 2641710 (1953)
[3] *M. Boer*, Vapour Phase Chromatography, Butterworth, London 1957
[4] *J. E. Lovelock*, J. Chromatog. **1** (1958) 35
[5] *J. W. Leonhardt, H.-J. Große, P. Popp, H.-W. Thümmel*, Atomic Energy Review **16** (1978) 247
[6] *H.-J. Große, P. Popp*, Technik und Umweltschutz **21** (1979) 50
[7] *P. Adler, H.-K. Bothe*, Z. Naturforschung **A 20** (1965) 1700
[8] *H. Bethe*, Ann. Phys. **5** (1930) 325
[9] *D. Jentzsch, E. Otte*, Detektoren in der Gaschromatographie, Akademischer Verlag, Frankfurt 1970
[10] *W. E. Wentworth, E. Chen, J. E. Lovelock*, J. Phys. Chem. **70** (1966) 445
[11] *W. E. Wentworth, E. Chen*, J. Gas Chromatogr. **5** (1967) 170
[12] *W. E. Wentworth, R. Becker, R. Tung*, J. Phys. Chem. **71** (1967) 1652
[13] *M. Scolnick*, J. Chromatogs. Sci. **7** (1969) 300
[14] *P. Popp*, Dissertation A, Karl-Marx-Universität Leipzig 1970
[15] *J. Leonhardt*, Dissertation B, AdW der DDR 1974
[16] *P. Popp, J. Leonhardt, G. Oppermann*, J. Chromatogr. **147** (1978) 127
[17] *G. R. Shoemake, D. C. Fenimore, A. Zlatkis*, J. Gas Chromatogr. **3** (1965) 285
[18] *D. C. Fenimore, P. R. Loy, A. Zlatkis*, Anal. Chem. **43** (1971) 1972
[19] *L. L. Kahn, M. Goldberg*, J. Gas Chromatogr. **3** (1965) 287
[20] *H. Hartmann*, Anal. Chem. **45** (1973) 733
[21] *P. G. Simmonds, D. C. Fenimore, B. C. Petitt, J. E. Lovelock, A. Zlatkis*, Anal. Chem. **39** (1967) 1429
[22] *C. H. Hartmann, D. M. Oaks, T. Burroughs*, Varian Aerograph, Techn. Bulletin 127–66 (1966)
[23] *C. H. Hartmann, D. M. Oaks, T. Burroughs*, Varian Aerograph, Techn. Bulletin 130–66 (1966)
[24] *J. A. Lubkowitz, D. Montoloy, W. C. Parker*, J. Chromatogr. **76** (1973) 21
[25] *J. E. Lovelock, N. L. Gregory*, Proc. 3rd Int. Symp. Gas Chromatography Academic Press, New York, London 1962, 219
[26] *J. E. Lovelock, G. R. Shoemake, A. Zlatkis*, Anal. Chem. **36** (1964) 1410
[27] *J. E. Lovelock, G. R. Shoemake, A. Zlatkis*, Anal. Chem. **35** (1963) 460
[28] *W. A. Aue, S. Kapila*, J. Chromatogr. **112** (1975) 247
[29] *W. A. Aue, S. Kapila*, J. Chromatogr. Sci. **11** (1973) 255
[30] *S. Kapila, W. A. Aue*, J. Chromatogr. **108** (1975) 13
[31] *P. Devaux, G. Guiochon*, J. Chromatogr. Sci. 8 (1970) 726
[32] *R. A. Landowne*, Anal. Chem. **42** (1970) 1468
[33] *H.-K. Bothe, H. Hilbig, P. Popp*, Gas-Chromatographie 1965, Berlin 1965
[34] *P. Devaux, G. Guichon*, Bull. Sci. Chim. Fr. **4** (1966) 1404
[35] *P. Devaux, G. Guiochon*, Bull. Soc. Chim. Fr. **4** (1967) 1236
[36] *P. Devaux, G. Guiochon*, J. Gas Chromatogr. **5** (1967) 341
[37] *I. Sliwka, J. Lasa, J. Rosiek, A. Korus*, J. Chromatogr. **150** (1978) 1
[38] *E. Bros, A. T. Chamberlain, F. M. Page, S. P. Patel*, IAEA-SM-206/20 (1976) 259
[39] *I. Sliwka, J. Lasa, J. Rosiek*, J. Chromatogr. **172** (1979) 1

[40] *J. Lasa, J. Rosiek*, Chem. Anal. (Warsaw) **21** (1967) 201
[41] *J. E. Lovelock*, Nature (London) **182** (1958) 1460
[42] *R. J. Maggs, P. L. Joynes, A. J. Davies, J. E. Lovelock*, Anal. Chem. **43** (1971) 1666
[43] *J. E. Lovelock, R. J. Maggs, E. L. Adlard*, Anal. Chem. **43** (1971) 1966
[44] *E. Bros, F. M. Page*, J. Chromatogr. **126** (1976) 271
[45] *J. Rosiek, I. Sliwka, J. Lasa*, J. Chromatogr. **137** (1977) 245
[46] *J. E. Lovelock, D. C. Fenimore, A. Zlatkis*, J. Gas Chromatogr. **5** (1967) 392
[47] *L. G. Christopherou*, Atomic and Molecular Radiation Physics Wiley-Interescience, London 1971
[48] *H. Hilbig*, Dissertation A, Karl-Marx-Universität Leipzig 1965
[49] *C. A. Clemons, A. P. Altshuller*, Anal. Chem. **38** (1966) 133
[50] *W. L. Zielinski, L. Fishbein, R. O. Thomas*, J. Chromatogr. **30**, (1967) 77
[51] *W. L. Zielinski, L. Fishbein*, J. Chromatogr. **28** (1967) 293
[52] *W. L. Zielinski, L. Fishbein, L. Martin*, J. Gas Chromatogr. **5** (1967) 552
[53] *J. E. Lovelock*, Nature (London) **189** (1961) 729
[54] *J. E. Lovelock, P. G. Simmonds, W. J. A. Van den Heuvel*, Nature (London) **197** (1963) 249
[55] *N. Gregory*, Nature (London) **212** (1966) 1460
[56] *G. Castello, G. J. d'Amato*, J. Chromatogr. **54** (1971) 157
[57] *G. Castello, G. J. d'Amato*, J. Chromatogr. **58** (1971) 127
[58] *T. Kojima, M. Satouchi*, Jpn. Analyst **22** (1973) 1428
[59] *E. D. Pellizzari*, J. Chromatogr. **98** (1974) 323
[60] *S. J. Ahuja*, Pharm. Sci. **65** (1976) 163

Orginalarbeiten

Thermolumineszenz-Fingerringdosimeter zur zentralisierten Überwachung der Handbelastungen beruflich strahlenexponierter Personen

W. Will, W. Kraus

(Staatliches Amt für Atomsicherheit und Strahlenschutz der DDR, Berlin)[1])

Es wird die Konzeption und Ausführung eines Fingerringdosimeters für die zentralisierte Überwachung in der DDR beschrieben. Die in zwei Varianten für Beta- bzw. Röntgen/Gamma-Strahlungs-Anwender gefertigten Ringe besitzen zwei LiF-TL-Detektoren hinter 11 mg cm^{-2} Plast- bzw. 100 mg cm^{-2} Al-Fenstern. Es werden die wichtigsten Eigenschaften des Dosimeters wie Energieabhängigkeit, Dosisempfindlichkeit usw. sowie die Probleme beim praktischen Einsatz mitgeteilt. Die Dosimeter haben sich bei der Überwachung von 600 beruflich strahlenexponierten Personen mit erhöhtem Risiko für Handbelastungen in etwa 90 Betrieben bewährt.

Keywords

dosimetry; energy dependence; hands; lithium fluorides; personnel dosimetry; thermoluminescent dosemeters

1. Dosismessung an den Händen als Strahlenschutzproblem

Bei zahlreichen Arbeiten mit Quellen ionisierender Strahlung treten sehr inhomogene Strahlungsfelder auf, bei denen das an der Brust getragene Personendosimeter keine Aussage über die Strahlenbelastung anderer Körperregionen zuläßt. Besonders die Hände sind häufig bei der Handhabung radioaktiver Strahlenquellen hohen Dosisleistungen durch Direktstrahlung oder bei Arbeiten in unmittelbarer Nähe des Nutzstrahlenbündels von Röntgeneinrichtungen intensiven Streustrahlungsfeldern ausgesetzt. Eine Einschätzung eingetretener Handbelastungen anhand der Anzeige des Personendosimeters wird besonders dann nicht möglich sein, wenn der Körperrumpf mit dem darauf getragenen Dosimeter z. B. bei Arbeiten an Gloveboxen, an Packtischen der Kontakttherapie oder an Durchleuchtungseinrichtungen der Röntgendiagnostik durch Schutzwände oder Schutzkleidung (Bleigummischürzen) weitgehend abgeschirmt ist. Bei Justierarbeiten an Röntgen-Feinstruktureinrichtungen kam es durch die hohen Dosisleistungen im Nutzstrahlenbündel bis zu einigen 10^3 Gy/min (10^5 rd/min) verschiedentlich durch unsachgemäßes Arbeitsverhalten zu erheblichen Handbelastungen mit akuten Hautschäden, ohne daß außergewöhnlich hohe Dosen mit der Dosismeterplakette registriert wurden. Die langjährigen Ergebnisse der zentralen Überwachung der beruflich strahlenexponierten Personen der DDR auf Ganzkörper- (mit der Filmdosimeterplakette) und auf Handbelastungen (mit Fingerring- und Armbanddosimetern), ebenso wie gezielte Arbeitsplatzstudien (z. B. [1, 2]) bestätigen, daß an vielen Arbeitsplätzen der Brustdosiswert keine Abschätzung der Handbelastung gestattet. Orts-Dosisleistungs-Messungen liefern zwar Orientierungswerte möglicher Belastungen, aber meist kein realistisches Bild der bei konkreten Arbeiten tatsächlich auftretenden Handdosis. Deshalb werden spezielle Dosimeter für die Hände benötigt.

2. Methoden zur Messung der Handbelastung

Nur wenige Institutionen mit Arbeitsplätzen, an denen ein erhöhtes Risiko hoher selektiver Teilkörperbestrahlungen besteht, verfügen über eigene Meßmöglichkeiten mit geeigneten Personendosimetersystemen. Vom SAAS wurden deshalb als Ergänzung zur Überwachung mit der Filmdosimeterplakette bereits seit Einführung der zentralisierten Überwachung Anfang der 60er Jahre auch Fingerring- und Armbanddosimeter zur Verfügung gestellt und ausgewertet.

Das Armbanddosimeter war eine besonders leicht realisierbare und ökonomische Lösung, da es das normale Filmdosimeter als Detektor verwendet. Es gestattet aber nur an solchen Arbeitsplätzen eine Ermittlung der Handbelastung, wo die Strahlenfelder im Bereich der Hand homogen sind oder wo eine Korrelation zwischen Finger- und Handgelenkexposition besteht [3].

Bei der Konzipierung der Fingerringdosimeter war ein wesentlicher Gesichtspunkt die Eignung für eine zentrale Überwachung im Landesmaßstab. Zur Zeit werden vom SAAS 600 Personen aus 91 Einrichtungen mit Finger-

[1]) Anschrift: 1157 Berlin, Waldowallee 117

ringdosimetern überwacht; in 63% dieser Betriebe befinden sich 5 oder weniger auf Handbelastungen überwachte Personen. Dies zeigt auf der einen Seite, wie sinnvoll die zentralisierte Überwachung ist, da bei diesen geringen Anzahlen für die meisten Anwender der Aufbau eigener Meßmöglichkeiten ökonomisch nicht vertretbar wäre. Auf der anderen Seite muß aber den Anforderungen eines breiten Anwenderkreises, eventuell auf Kosten spezieller Wünsche hinsichtlich Erfassung sehr niederenergetischer Strahlungen, Diskriminierung zwischen Strahlenarten unterschiedlichen Durchdringungsvermögens u. dgl., entsprochen werden. Deshalb schieden mechanisch sehr empfindliche Detektoren und Halterungen aus. Kompliziertere Meßsysteme mit mehreren Detektoren und Absorbern (wie z. B. in [4, 6]), unter anderem zur Unterscheidung von Haut- und Tiefenbelastung, kamen auch deshalb nicht in Frage, da die Dosisgrenzwerte nach den letzten ICRP-Empfehlungen [13] für die Hände als Ganzes festzulegen sind und nicht zwischen Haut und tieferliegendem Gewebe unterschieden wird; auch die SSVO [7] schreibt maximal zulässige Dosiswerte nur für die Hände insgesamt vor. Bei stark inhomogenen Strahlungsfeldern ist die Dosisverteilung an verschiedenen Stellen der Hand, besonders die Dosis an den am meisten belasteten Fingerspitzen von Interesse, für die sogar ein Fingerringdosimeter nur sehr schlechte Werte ergibt [8]. Solche Untersuchungen lassen sich nicht als zentralisierte Routineüberwachung durchführen, sondern nur durch Messungen der Anwender selbst (in einzelnen Fällen wurden allerdings in Plastfolie eingeschweißte TLD-Tabletten, die für derartige Fragestellungen gut einsetzbar sind, vom SAAS in Ergänzung der routinemäßigen Fingerringüberwachung zur Verfügung gestellt und ausgewertet).

Während bei den meisten publizierten Fingerringdosimetern nur die Dosis an einer Stelle der Hand gemessen wird (z. B. [4, 5, 8, 9, 10]), kann je ein Detektor an der Handinnen- und Handaußenseite eine genauere Einschätzung der Belastungssituation der Hand ermöglichen.

3. Aufbau und Anwendung des Fingerringdosimeters

Das erste Fingerringdosimeter des SAAS enthielt den Dosimeterfilm als Detektor (Abb. 1). Wegen der unbefriedigenden Trageeigenschaften und der durch die hohe Energieabhängigkeit des Films bedingten großen Meßfehler wurde es seit 1972 schrittweise durch einen Ring mit Thermolumineszenzdetektoren ersetzt [11]. Der zunächst gefertigte Plastring mit 2 ovalen LiF/Teflon-Tabletten von 0,4 mm Dicke hinter einem 11 mg cm^{-2} dicken Plastfenster hat sich grundsätzlich bewährt. Durch seine Elastizität war er bei der Arbeit kaum hinderlich. Als nachteilig erwies sich jedoch die relativ hohe Bruchgefahr im rauhen Routinebetrieb bei einigen Einsatzbedingungen.

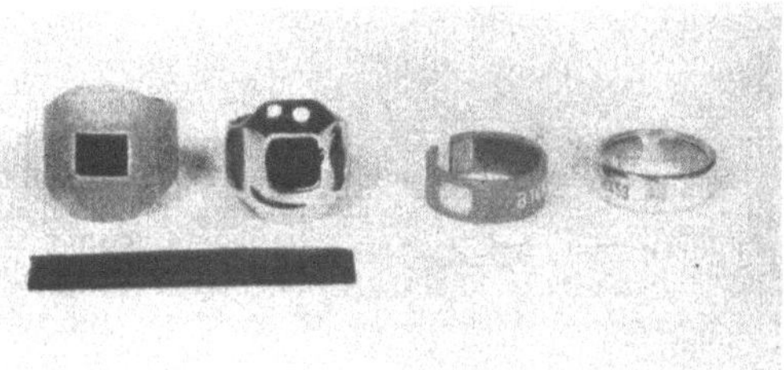

Abb. 1. TLD-Fingerringdosimeter älterer und neuer Ausführung im Vergleich zu Film-Fingerringen des SAAS

Diese Probleme bestehen bei dem verbesserten geschlossenen Aluminiumring (Abb. 1) nicht mehr. 60% der mit Fingerringen überwachten Personen arbeiten ausschließlich mit Röntgen- und Gamma-Strahlung. Deshalb wurde der Ring auch in einer Variante ohne mechanisch empfindliches Plastfenster gefertigt. Der Ring ist nur noch 8 mm breit und 2 mm dick und ebenfalls sehr bequem zu tragen. Wie Abb. 2 zeigt, ist er auch zur Messung der Strahlenbelastung nahe der Fingerspitzen geeignet. Je zwei TLD-Tabletten werden in ihn von innen in eine Bohrung von 5 mm Durchmesser an gegenüberliegenden Stellen eingelegt und dort durch eine dünne Bronzefeder gehalten. Der Ring wurde in 5 Größen von 16,5 bis 22,5 mm Innendurchmesser hergestellt.

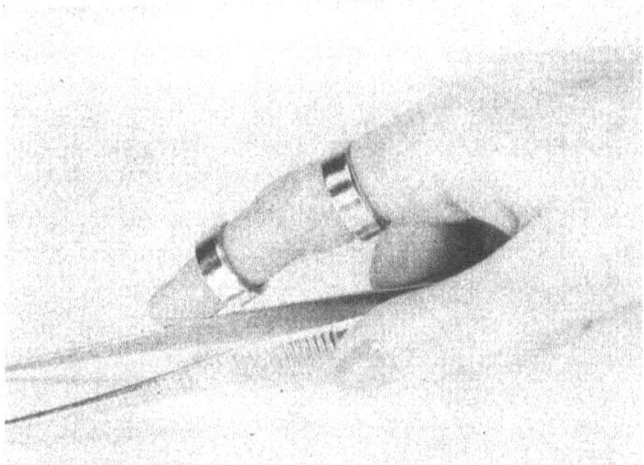

Abb. 2. TLD-Fingerringdosimeter für Röntgen- oder Gamma-Strahlungsanwender

Eine Plastschablone, die den zu überwachenden Institutionen zugesandt wird, ermöglicht die Auswahl der benötigten Ringgrößen. Die Ringe verbleiben ständig bei den Anwendern, und nur die Dosimetertabletten werden für jeden Ring in kleinen Papiertüten, die von den Anwendern selbst mit Betriebs- und Personalnummer beschriftet werden, versandt.

Nach dem Eingang im SAAS werden die Tabletten zunächst auf Kontamination geprüft, danach in einer Sortiervorrichtung in Alkohol gewaschen und darauf zur vollständigen Trocknung und zum Ausheizen niederenergetischer Vorpeaks für 10 min bei 100 °C erhitzt. Die Auswertung erfolgt vorwiegend mit einem Meßplatz VA-M-30 des VEB Meßelektronik Dresden, dessen Empfindlichkeit durch Einsatz eines hochwertigen SEV (EMI 6256 S) mit Kühlung, durch Stickstoffbespülung der Dosimeter und durch Änderungen am digitalen Stromintegrator verbessert wurde.

Als Detektoren werden in den Ringen für Röntgen- und Gammastrahlung kreisförmige LiF-Sintertabletten von 4,5 mm Durchmesser und 0,8 mm Dicke verwendet. In den Ringen für Beta-Strahlungsanwender mit einem 11 mg cm^{-2} dicken Plastfenster werden zur Zeit noch 0,4 mm starke LiF/Teflon-Tabletten verwendet, die später durch noch dünnere Detektoren ersetzt werden sollen.

4. Meßfehler

Die allgemeinen dosimetrischen Eigenschaften der Detektoren, wie Reproduzierbarkeit, Vordosis und Fading, entsprechen den in [11, 12] mitgeteilten Werten, bei Verbesserung einiger Parameter (z. B. der unteren Meßgrenze) für die trägermaterialfreien Sintertabletten.

Abb. 3 zeigt die mit hart gefilterter Röntgenstrahlung (Homogenitätsgrad $> 0,95$) und mit γ-Strahlung gemessene

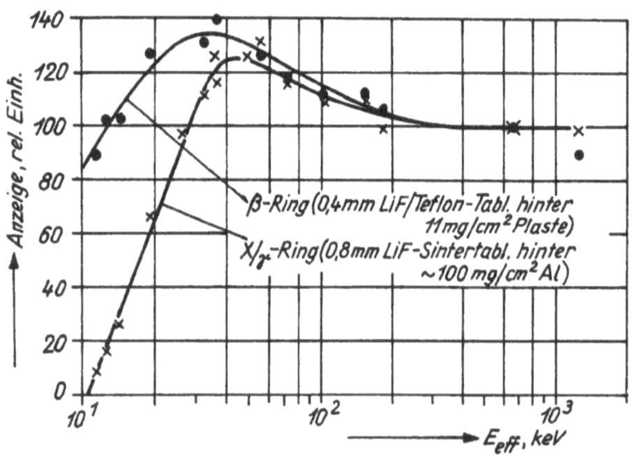

Abb. 3. Energieabhängigkeit beider Typen von TLD-Fingerringen für Quantenstrahlung

Energieabhängigkeit für beide Ringvarianten. Der Röntgen/γ-Ring ist bei einem Fehler von $\pm 25\%$ herab bis $E_{eff} = 22$ keV (entsprechend Röntgenstrahlung mit etwa 45 kV Erzeugungsspannung) einsetzbar. Der Fehler des β-Ringes liegt oberhalb 10 keV innerhalb $\pm 35\%$ (Normierung für ^{137}Cs-γ-Strahlung). Damit ist dieser Ring auch für niederenergetische Röntgenstrahlung geeignet.

Bei β-Strahlung werden die Meßfehler besonders im Bereich niedriger Energien durch die Absorption in der Abdeckschicht und in der Tablette selbst wesentlich größer. Obwohl die Dicke der toten Hornschicht über der strahlungsempfindlichen Basalzellenschicht starke individuelle und lokale Unterschiede an unterschiedlichen Körperregionen aufweist, wurde von der ICRP die Messung der Hautdosis in 7 mg cm^{-2} Tiefe beibehalten [13]. Dies gilt auch für die Hand, wo nach Messungen von *Whitton* [14] die Dicke der Hornschicht an Handrücken sowie Seiten- und Rückenflächen der Finger im Mittel 8 mg cm^{-2}, für die häufig am stärksten belasteten Handinnenseiten und Fingerspitzen aber 40 mg cm^{-2} und mehr beträgt. Die ICRP gibt für den Referenzmenschen ähnliche Werte an [15].

Für den β-Ring mit den z. Z. verfügbaren Detektoren von 0,4 mm Dicke hinter 11 mg cm^{-2} Plastfolie wurden die folgenden relativen Dosisempfindlichkeiten η bestimmt:

	$E_{\beta\,max}$, MeV			η
^{106}Ru/^{106}Rh	3,53	2,44	3,10	1,52
^{90}Sr/^{90}Y	2,27	0,54		1,36
^{85}Kr	0,67			0,60
^{147}Pm	0,22			0,03

Die η-Werte beziehen sich dabei auf die β-Dosis in weichem Gewebe hinter 7 mg cm^{-2} gewebeäquivalentem Material, wenn die Detektoren mit ^{137}Cs-γ-Strahlung unter Elektronengleichgewichtsbedingungen kalibriert werden. Die Überbewertung bei den hohen Energien ist eine Folge der Rückstreuung durch die Bronzefeder.

Dieser Energiegang kann bei β-Strahlung für eine derartige Routineüberwachung noch akzeptiert werden und stellt einen tragbaren Kompromiß zwischen Genauigkeit und technologischen Forderungen dar. Die relative Tiefendosis in 40 mg cm^{-2} Gewebetiefe beträgt für ^{90}S|r|^{90}Y 0,75, für ^{204}Tl (0,77 MeV) 0,40 [16]. Dies bedeutet, daß die Strahlenbelastung an den an β-Arbeitsplätzen meist am höchsten belasteten Handinnenseiten mit diesem Dosimeter sogar generell überschätzt wird. Trotzdem wird eine Herabsetzung der Energieabhängigkeit für β-Strahlung durch dünnere Detektoren und Abdeckfolien angestrebt. Versuche zur Herstellung dünnerer Sintertabletten zeigten, daß Tabletten von 0,2 mm Dicke für Laboruntersuchungen stabil genug sind, jedoch unter Routinebedingungen 0,4 mm nicht wesentlich unterschritten werden sollten. Deshalb werden parallel Untersuchungen zur Herstellung von Dosimetern durchgeführt, bei denen dünne LiF/Teflon-Schichten ähnlich [17] auf einem Trägermaterial aufgebracht werden. Solange noch keine dünneren Detektoren zur Verfügung stehen, würde eine Verringerung der Fensterdicke auf Kosten der mechanischen Stabilität keine Vorteile bringen.

Falls Kenntnisse über die Strahlungsenergie vorliegen, besteht die Möglichkeit, die Energieabhängigkeit der Dosimeterempfindlichkeit durch entsprechende Korrektion zu berücksichtigen. Das Fingerringdosimeter kann dann auch noch unterhalb der angegebenen Energiebereiche wichtige Informationen liefern. Dies betrifft zum Beispiel Abschätzungen, ob die für die Hände relativ hohen maximal zulässigen Dosisäquivalente (0,75 Sv/a = 75 rem/a) mit ausreichender Sicherheit eingehalten werden, selbst wenn diese Aussage mit größeren Fehlern hinsichtlich der tatsächlichen Dosis behaftet ist. Derartige Interpretationen der Überwachungsergebnisse werden jedoch dem Anwender selbst überlassen, da die zentrale Überwachungsstelle meist keine dafür ausreichenden Informationen erhält.

Obwohl mit beiden zur Zeit in den Fingerringdosimetern verwendeten Detektortypen Dosen unter 0,5 mGy (50 mrd) ohne Schwierigkeit nachweisbar sind, werden den Anwendern nur Dosiswerte über 2 mGy (0,2 rd) mitgeteilt. Normalerweise werden diese als der Mittelwert der Anzeigen beider Dosimetertabletten eines Ringes ermittelt. Störeinflüsse wie Einwirkung von Licht, UV-Strahlung und von Waschlösungen sowie Restverschmutzungen beeinträchtigen oberhalb dieses Wertes die Meßergebnisse erfahrungsgemäß nur noch vernachlässigbar. Auch dieses „recording level" von 2 mGy ist in Relation zu den maximal zulässigen Dosisäquivalenten für die Hände noch außerordentlich niedrig und soll vorwiegend eine erzieherische Funktion erfüllen.

5. Einsatz des Fingerringes in der Überwachung

Der Metall-TLD-Ring in seinen beiden Varianten wurde seit 1974, zunächst noch neben Film- und Plast-TLD-Ringen, zur Routineüberwachung eingesetzt und hat sich dabei voll bewährt. Jetzt sind alle bisher mit Fingerringdosimetern überwachten Personen mit diesem Ring ausgestattet. Es ist beabsichtigt, auch die Armbanddosimeter durch TLD-Fingerringe zu ersetzen. — Bisher wurde die Überwachung auf Handbelastungen aus technischen Gründen nur in einem beschränkten Umfang durchgeführt. Es besteht die Absicht, weitere, bisher nicht erfaßte Arbeitsplätze systematisch in die Fingerring-Überwachung einzubeziehen.

Eingegangen am 24. 3. 1980

6. Literatur

[1] *W. Rothe*, Radiobiol. Radiother. 17 (1976) 661
[2] *W. Rothe*, Radiologia diagnostica 18 (1977) 125
[3] *W. D. Chiswell, W. B. Gilboy*, Health Physics 22 (1972) 327
[4] *A. Koczynski, R. Wolksa-Witer, T. Musialowicz*, CLOR 89/D 1972
[5] *L. Benkö, D. Lekrin*, Einige Fragen der Beta-Thermolumineszenzdosimetrie (*in Russ.*). Proc. Konf. Neue Methoden der Personendosimetrie Hradec Krakove, Mai 1977, S. 110
[6] *Y. Takaku, T. Kida*, Health Phys. 22 (1972) 295

[7] Strahlenschutzverordnung GBl. II Nr. 99, S. 627
[8] *L. F. Kocher, R. L. Kathren, G. W. R. Endres*, Health Physics 18 (1970) 311
[9] *D. Regulla*, Der Radiologe 11 (1971) 78
[10] *J. Fejtek, J. Trousil*, Dosimeter zur Handüberwachung mit Phosphat-TL-Detektoren (*in Russ.*). Proc. Konf. Neue Methoden der Personendosimetrie Hradec Kralove, Mai 1977, S. 70
[11] *W. Will, G. Große*, SZS-153 (1973) 80
[12] *W. Will, W. Kraus*, SZS-153 (1973) 62
[13] ICRP Publikation 26 (1977)
[14] *J. T. Whitton*, Health Physics 24 (1973) 1
[15] ICRP Publikation 23 (1974) 47
[16] ICRP Publikation 21 (1971) 48
[17] *M. W. Charles, Z. U. Khan*, Phys. Med. Biol. 23 (1978) 972

Dosimetric Aspects of Application of ^{123}I-Radiopharmaceuticals in Nuclear Medicine

V. Hušák[1]), *P. Kopecký*[2]), *K. Svoboda*[2]), *J. Vlček*[3])

([1])Department of Nuclear Medicine, University Hospital, Olomouc; [2]) Nuclear Research Institute, Řež; [3]) Regional Hygienic Center, Hradec Králové)

^{123}I can be prepared in a cyclotron either directly or via precursor ^{123}Xe, using nuclear reactions of various type. The presence of radionuclidic impurities ^{124}I, ^{125}I, ^{130}I and others in ^{123}I-preparations requires to evaluate thoroughly their applicability in nuclear medicine from the viewpoints of the additional absorbed dose and the image degradation caused by the contaminants. The absorbed dose to the thyroid gland due to ^{123}I-iodide and to the gonads due to ^{123}I-Hippuran were calculated as a function of the time lag between the production and the administration to the patient. ^{123}I was produced in reactions ^{122}Te(d, n) and ^{121}Sb(^{4}He, 2n). Taking into account the image degradation due to contaminant ^{124}I in ^{123}I-preparations and the resulting absorbed doses the expiration dates of these preparations were determined.

Keywords

hippuran; images; impurities; iodides; iodine 123; nuclear medicine; radiation doses; radiopharmaceuticals

1. Introduction

Advantages of ^{123}I as an imaging agent include an absence of beta radiations, a physical half-life of only 13 hours, and a principal photon gamma ray energy of 159 keV (83% abundance). Nearly 15 years have passed since a ^{123}I preparation was first used for diagnosis of thyroid function and yet radiopharmaceuticals labelled with ^{123}I have not been spread to such an extent as could be expected after the initial intense growth of the information about their applicability and about the methods of their production. Beside production and distribution difficulties, the fact that the preparations contain not only the principal radionuclide ^{123}I but always also radionuclidic contaminants in various percentages, e.g. ^{121}I, ^{124}I, ^{125}I, ^{126}I and others, may be regarded as the main cause of the present state [1, 2]. Unfortunately, a pure ^{123}I without contaminants cannot be produced.

The purpose ouf our paper is to study conditions under which ^{123}I-preparations containing contaminants can be administered to patients in order to maintain the merits of ^{123}I compared with ^{131}I-reduction in patient radiation dose and the improvement of the quality of diagnostic information from nuclear medicine procedures.

2. Preparations of pure ^{123}I

2.1. Detection viewpoint

The quality of images obtained with a scintillation camera or a rectilinear scanner is given primarily by the spatial resolution of the detector and the count density (information density), which is defined to be the counts recorded per unit area of the activity distribution being imaged (counts/cm²).

[1]) Address: I. P. Pavlova 6, 775 20 Olomouc, Czechoslovakia

The spatial resolution of parallel-hole collimators (thickness of septa 0·25 mm) which are optimal for ^{99m}Tc is deteriorated by a small but significant amount of photons emitted in the decay of ^{123}I with energy ranging from 248 to 784 keV (abundance 2·3%) [3]. A large fraction of these higher-energy photons penetrate the collimator septa and cause interactions in the scintillation crystal. Some scattered photons are detected within 159-keV-photopeak window of the single-channel analyzer contributing as much as 30% to the count rate [4]. The use of a medium energy collimator or technetium collimator with septa 0·8 mm thick, whose resolution is substantially less affected by high-energy gamma-rays of ^{123}I, minimizes the image degradation and secures a higher image quality compared with ^{131}I.

The count rate registrated by the detector above the investigated region can be expressed by the relation [5]

$$N = E_k \varepsilon_f \sigma \quad \text{cpm} \tag{1}$$

where E_k is the collimator efficiency, ε_f is the photopeak efficiency of the scintillation crystal, and σ is the number of photons emitted from 1 cm² of a body surface per minute. In the case of radionuclides ^{123}I and ^{131}I, $\sigma(^{123}\text{I})/\sigma(^{131}\text{I}) = 0.9$ and $E_k(^{123}\text{I})/E_k(^{131}\text{I}) = 1$ when the same medium energy collimator is used. Employing the scintillation camera, when $\varepsilon_f(^{123}\text{I})/\varepsilon_f(^{131}\text{I}) = 3.3$, the information density (which is proportional to the count rate N) with ^{123}I is approximately 3 times as large as that with ^{131}I. Our estimate agrees well with the value 2·4 found experimentally by *Zielinski* et al. [6] above the kidneys of dogs after the administration of ^{123}I-Hippuran and ^{131}I-Hippuran.

In the case of the scanner the ratio of the information densities is lower, it being approximately equal to 1·5.

2.2. *Absorbed dose viewpoint*

^{123}I-Iodide. Assuming the 15% thyroid uptake, the absorbed dose to this organ is 2025 μGy/MBq after the administration of ^{123}I-iodide and 216000 μGy/MBg after the administration of ^{131}I-iodide (Tab. 1). Although the per unit of activity absorbed dose from ^{123}I is approximately one-hundreth that of ^{131}I, the dose reduction is smaller in clinical studies. For measuring thyroid uptakes the recommended administered activity of ^{123}I is 8–10 times as large and, for thyroid imaging, 3–15 times as large as that of ^{131}I. Thus, the ratio of the dose from ^{123}I to that from ^{131}I varies from one thirtieth to one-sixth [21].

Tab. 1. Absorbed doses to the thyroid gland of adults after administration of ^{123}I-iodide, ^{124}I-iodide etc., and the gonad doses after the administration of Hippuran labelled with various iodine isotopes the administered activity being 1 MBq [7, 8, 15]. A normal function of kidneys is assumed.

Radio-nuclide	Half-life	Thyroid function, iodide	Denography, Hippuran	
		Dose to thyroid μGy/MBq	Dose to	
			ovaries μGy/MBq	testes μGy/MBq
^{123}I	13 h	2025	8·1	5·4
^{124}I	4·2 d	143100	45·9	37·8
^{125}I	60·2 d	121500	1·89	1·08
^{126}I	13 d	259200	17·5	14·9
^{130}I	12·5 h	18360	75·6	67·5
^{131}I	8·06 d	216000	18·9	13·5

^{123}I-Hippuran. Under the assumption of the exclusive excretion by kidneys into the bladder and the mean renal transit time of 4 min, the dose after the administration of ^{123}I-Hippuran is 8·1 μGy/MBq to the ovaries and 5·4 μGy/MBq to the testes. After the administration of ^{131}I-Hippuran, the absorbed doses to the same organs are 18·9 μGy/MBq and 13·5 μGy/MBq, respectively [8]. The absorbed dose from ^{123}I-Hippuran is approximately 40% of the dose from ^{131}I-Hippuran. As it was mentioned above, roughly threefold increase in the information density is obtained with the scintillation camera. *Elliot* and *Britton* [24] recommend the use of 925 kBq of ^{123}I-Hippuran for probe renography, 18·5 MBq for scintigraphic studies, and the same activities of ^{131}I-Hippuran. *Zielinski* et al. [6] state that for assessing kidney function 13 MBq of ^{131}I-Hippuran and 55 MBq of ^{123}I-Hippuran are needed. Although the absorbed dose in the normal patient is approximately the same, the information density is ten times as great.

3. ^{123}I containing contaminants

3.1. *Detection viewpoint*

^{123}I produced by direct reactions, such as (d, n), (p, n), (p, 2n) etc., contains a number of radioactive impurities, the most significant ones being ^{124}I and ^{130}I. These radionuclides emit intense gamma-rays with energy higher than 600 keV which, similarly as high-energy photons of ^{123}I, penetrate collimator septa and contribute to the count rate registered within 159-keV photopeak window. The resulting severe loss of spatial resolution is caused mainly by ^{124}I because the percentage of ^{124}I contamination increases with time.

The fundamental question which need be answered is the upper level on per cent ^{124}I that is acceptable in a ^{123}I-radiopharmaceutical. From the literature it follows that the ^{124}I content lower than 5% at the time of administration degrades the scintiphotos obtained with the camera equipped with a medium energy parallel hole collimator only to such an extent that the images are still of clinical usefulness 9–15]. With the use of pinhole collimator, satisfactory images of thyroid gland were obtained even when the ^{124}I content was higher than 5% [15, 22]. However, at the present time, the thyroid can also be imaged with a wide-field-of-view camera with a medium energy parallel hole collimator. In some cases it is more advantageous than the use of the pinhole collimator because of possibility to cover the entire neck and chest in most patients in a single image [21]. Kidney images obtained with ^{123}I containing 7% ^{124}I at the time of administration confirmed that significant degradations of image quality results [25]. Generally, the 5% content may be taken as the upper acceptable limit.

A content of ^{124}I higher than 5% may be acceptable when measuring the thyroid uptake and performing probe renography.

^{123}I can also be obtained from ^{123}Xe produced by the reaction ^{127}I(p, 5n)^{123}Xe by irradiaton a iodine target with protons having energies from 50 to 80 MeV [1, 2]. After separating the iodine fraction from xenon (about 6.6 hours after EOB) such preparations contain usually only a small percentage of ^{125}I contamination. Due to low-energy gamma- and X-rays of ^{125}I with energy of 30 keV this contaminant does not degrade the spatial resolution of scintigraphic devices. ^{123}I prepared via precursor ^{123}Xe can be regarded pure from the detection viewpoint.

3.2. *Absorbed dose viewpoint*

^{123}I-Iodide. The absorbed doses to the thyroid gland of adults from ^{123}I and contaminants calculated under the assumption of the 15% thyroid uptake are given in Tab. 1. The dose to the thyroid gland due to ^{123}I-iodide containing 5% ^{124}I at the time of administration is 9180 μGy/MBq, which means that the dose due to such a ^{123}I-preparation will be a half that due to ^{131}I-iodide.

^{123}I-Hippuran. The gonad dose due to ^{123}I-Hippuran containing 5% ^{124}I at the time of administration is 7·02 μGy/MBq to testes and 9·99 μGy/MBq to ovaries. It is obvious that the contribution of the contaminant ^{124}I to the dose due to ^{123}I-Hippuran is substantially smaller than the contribution to the dose from ^{123}I-Iodide. A 5% ^{124}I increases the dose to the thyroid from ^{123}I-iodide by about 350%, while it increases the dose to gonads from ^{123}I-Hippuran only by 30%.

4. Application of ^{123}I containing contaminants

4.1. *Preparations produced by direct methods*

The possibilities of the administration of these preparations will be demonstrated by two ^{123}I produced in the U-120 cyclotron either by irradiation of natural antimony with alpha particles (E = 27 MeV, the Sb target depth = 67 mg/cm^2) or by irradiation of enriched tellurium (88·4% ^{122}Te) with deuterons (E_d = 13·5 MeV, the Te target depth = 220 mg/cm^2). ^{123}I-preparations obtained

Tab. 2. The radionuclide composition of ^{123}I-radiopharmaceutical produced in the U-120 cyclotron (at EOB). The measurements were performed using Ge(Li) and Si(Li) detectors and Canberra 8100 multichannel analyzer.

Radionuclide	^{123}I produced by reaction	
	^{122}Te(d, n) percentage of radionuclide %	^{121}Sb(^{4}He, 2n) percentage of radionuclide %
^{123}I	96.4	98.0
^{124}I	0.78	1.37
^{125}I	0.04	0.51
^{126}I	0.25	0.12
^{130}I	2.43	—
^{131}I	0.09	—

are, wiht regard to the content of the radionuclidic contaminants, comparable with those produced in a number of other institutes [1, 2, 16, 17,18].

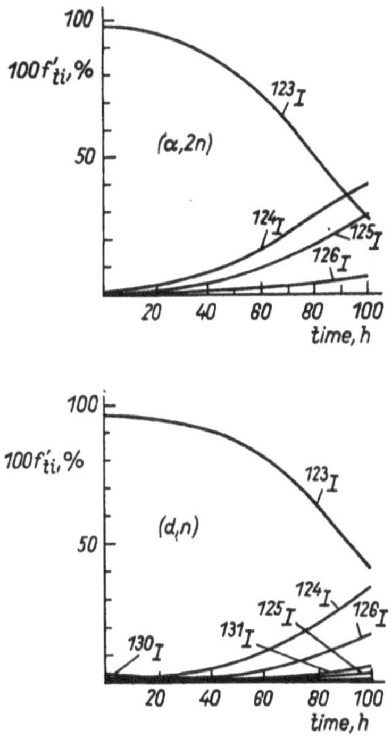

Fig. 1. The radionuclidic composition of ^{123}I-iodide produced in the U-120 cyclotron as a function of time after EOB

The radionuclidic composition of both preparations at EOB is as shown in Tab. 2 and in Fig. 1. The value of f'_t in Fig. 1 were calculated from the equation

$$f'_{ti} = \frac{f_{ti}}{1 + \sum_i f_{ti}} \tag{2}$$

where f_{ti} is the relative abundance of the activity of the i-th contaminant at time t elapsed from the production time. The ratio f_{ti} depends on time according to the expression

$$f_{ti} = f_i(0) \exp\left[(\lambda_p - \lambda_{ci})\, t\right] \tag{3}$$

where $f_i(0)$ is the abundance of the i-th contaminant at the production time (EOB). A more detailed information on the definitions of f_{ti} and f'_{ti} is contained in our previous paper [19].

From the data in Fig. 1 it follows that, e.g. the administration of 3.7 MBq of ^{123}I-iodide produced by the (d, n) reaction 15 hours after EOB represents the administration of the total activity of 3.881 MBq (the total activity of contaminants is 0.181 MBq), the administration of 3.7 MBq ^{123}I-iodide 30 hours after EOB corresponds to the administration of the total activity of 3.974 MBq etc.

The absorbed dose from preparations containing n contaminants was calculated as [19]

$$D = A_p d_p \left(1 + \sum_1^n f_{ti} d_i\right) \tag{4}$$

where A_p is the activity of the principal radionuclide, d_p the dose due to the principal radionuclide, d_{ci} the dose due to the i-th contaminant, and $d_i = d_{ci}/d_p$.

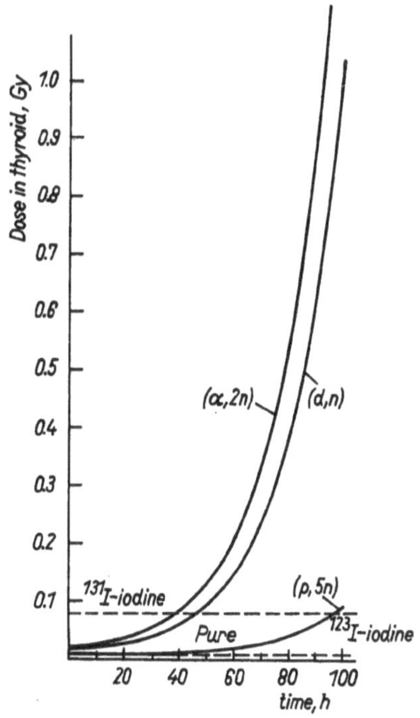

Fig. 2. The absorbed dose to the thyroid as a function of the radiopharmaceutical age after the administration of 3.7 MBq of ^{123}I-iodide and 0.37 MBq of ^{131}I-iodide (the 15% thyroid uptake is assumed) The radionuclidic composition of ^{123}I produced by reactions (d, n) and (^{4}He, 2n) is assumed to be that given in Tab. 2. The ^{123}I-iodide produced by the reaction (p, 5n) contains 0.1% ^{124}I at EOB.

In Fig. 2 the dependencies are shown of the absorbed doses to the thyroid gland caused by ^{123}I-iodide prepared by various reactions on the time lag between the production of the radionuclide and administration to the patient. A similar dependence is given in Fig. 3 for ^{123}I-Hippuran. In both Figures, the doses from the same preparations of pure ^{123}I and ^{131}I are plotted for comparison.

It may be postulated that the administration of ^{123}I-preparations for imaging purposes is justified only if these preparations satisfy the following criteria:

1) The ^{124}I content in ^{123}I-preparations must not exceed 5% at the time of administration to patients.
2) The absorbed dose from ^{123}I-preparations must not exceed that from analogous ^{131}I-preparations. It is assumed that the same activities of ^{123}I-Hippuran and ^{131}I-

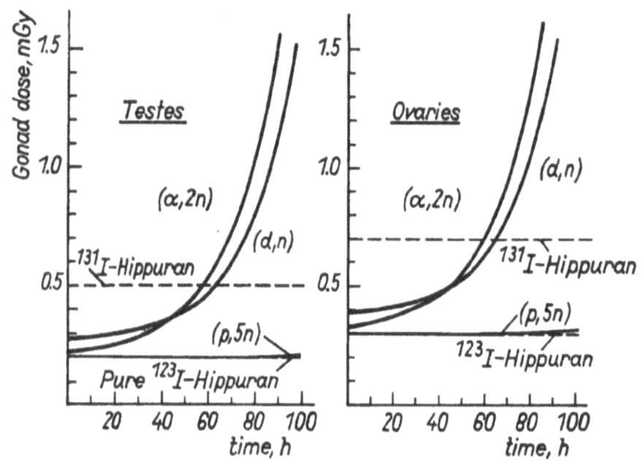

Fig. 3. The absorbed dose to testes and ovaries as a function of the radiopharmaceutical age after the administration of 37 MBq of ^{123}I-Hippuran and 37 MBq of ^{131}I-Hippuran The radionuclidic composition of ^{123}I is assumed to be that given in Tab. 2.

Hippuran are administered. The administered activity of ^{131}I-iodide is one-tenth of that of ^{123}I-iodide.

These criteria define the expiration date (shelf-life) of ^{123}I-preparations.

Tab. 3. Expiration dates of ^{123}I preparations determined from criteria 1) and 2). The expiration date following from the criterion 1) is calculated from the eqn. (2) or (3). Because these equations yield the values which differ slightly, only the mean values are given.

Pharmaceutical	Criterion	^{123}I prepared by reaction ^{121}Sb(^{4}He, 2n) h	^{122}Te(d, n) h
^{123}I-iodide	1)	28	40
	2)	28	29
Resulting expiration date		28	29
^{123}I-Hippuran	1)	28	40
	2)	57 (M)	62 (M)
		60 (F)	65 (F)
Resulting expiration date		28	40

Tab. 3 contains the expiration dates of two ^{123}I preparations mentioned above which were determined employing the criterion 1) and 2) as well as data in Fig. 2 and 3. Of course, as the resulting expiration date lower value must be taken, e.g. in the case of ^{131}I produced by the reaction (d, n) the criterion 1) yields the value 40 hours, the criterion 2) yields 29 hours, the resulting expiration date being 29 hours.

The period of applicability of ^{123}I preparations at a department of nuclear medicine is shorter than the expiration date because some time is required for processing, quality control procedures and distribution. When producing ^{123}I in the U-120 cyclotron the time lapse between EOB and the calibration time of 12 hours is considered.

The ^{124}I contamination in ^{123}I-preparations is less critical in thyroid and kidney function studies performed not with the scintillation camera but with collimated scintillation probes. Practically no data concerning this problem are available in the literature but it can be assumed that only criterion 2) is sufficient for the estimate of the expiration date, which leads to longer resulting expiration dates of ^{123}I Hippuran than those considered in Tab. 3.

4.2. *Preparations produced via ^{123}Xe precursor*

Because the ^{125}I impurity in the ^{123}I from ^{123}Xe-^{123}I generators contributes only to the radiation dose but leaves the imaging quality intact, the expiration date of such preparation can be determined employing only the criterion 2). Assuming that such preparations contain typically 0·1% ^{125}I at EOB, the dose from ^{123}I-iodide reaches that from ^{131}I-iodide after 96·5 hours since EOB, the dose from ^{123}I-Hippuran reaches that from ^{131}I-Hippuran after 164 and 169 hours after EOB. However, after 96·5 hours the ^{123}I activity makes only 86%, and after 164 and 169 hours only 15% and 12% of the total activity, respectively. The use of ^{123}I-preparations after seven half-lives is very expensive because of a high price of ^{123}I and the unnecessary administration of ^{125}I as contaminant. Thus, the expiration date is determined by considerations other than that given by the criterion 2). In such case, it is recommended to take the expiration date as a threefold of the half-life of the radionuclide, i.e. approximately 40 hours after calibration time in the case of ^{123}I. According to *Fleischer* [23], the expiration date of 36 hours after calibration time is required in USA.

In the paper by *Lambrecht* and *Wolf* [20] there it is stated that a ^{123}I-radiopharmaceutical should be allowed a shelf-life until the ^{125}I impurity reaches 10%. It can be shown that this criterion is not in contradiction with our one. Even when the ^{125}I content is as high as 0·5% the expiration date obtained is longer than 40 hours mentioned above.

5. Conclusions

In order to secure the advantages of "high-radiocontaminant" ^{123}I over ^{131}I — better imaging capability and substantially lower radiation dose — ^{123}I radiopharmaceuticals must be administered only within shelf-life which can be determined by means of two criteria suggested. The criteria may be useful for a producer looking for the best nuclear reaction that yields clinically useful quantities of ^{123}I at the lowest possible cost and with lowest possible content of contaminants. In clinical practice, the evaluation of ^{123}I-preparations available commercially is possible. However, it must be stressed that the administration of the ^{123}I-radiopharmaceutical depends also on the physician's decision based on taking into account various circumstances, e.g. a diagnostic procedure performed with a radiopharmaceutical, an instrumentation available, an expected diagnostic information etc.

Received March 24, 1980

References

[1] Iodine-123 in Western Europe. Production, application, distribution. Proc. of a Panel Discussion held at KFA Jülich 1976

[2] Application of iodine-123 in nuclear medicine. Proc. of a conference held in Rockville. U.S. Department of Health, Educytion and Welfare, Rockville 1976

[3] *L. T. Dillman, F. C. Von der Lage.* MIRD Pamphlet No. 10, Society of Nuclear Medicine. New York 1975

[4] *M. S. Bolmsjö, B. R. Persson, S. E. Strand,* Phys. Med. Biol. **22** (1977) 266

[5] *V. Hušák,* Rad. biol. ther. **10** (1969) 25

[6] *F. W. Zielinski, F. E. Holly, G. D. Robinson, L. R. Bennet,* Radiology 125 (1977) 753
[7] MIRD Dose Estimate Report No. 5, J. Nucl. Med. 16 (1975) 857
[8] *V. Hušák, M. Kršková, M. Král,* Report RVT P09-159-208/EÜ 51-08, Olomouc 1978
[9] *K. Kondo, R. M. Lambrecht, A. P. Wolf,* Int. J. Appl. Rad. Isotopes 28 (1977) 395
[10] *P. Paras,* Report, Bureau of Radiol. Health, Rockville
[11] *E. Acerbi, C. Biratari, M. Castiglioni, F. Resmini, M. Villa,* Int. J. Appl. Rad. Isotopes 26 (1975) 741
[12] *L. S. Graham, F. W. Zielinski,* Radiology 130 (1979) 519
[13] *F. R. Hudson, B. M. Chaucer,* Int. J. Nucl. Med. 4 (1977) 46
[14] *M. G. Lötter, E. J. Van Der Merwe,* S. Afr. Med. J. 46 (1972) 186
[15] *G. A. Baker, D. J. Lum, E. M. Smith, H. S. Winchell,* J. Nucl. Med. 17 (1976) 740
[16] *L. G. Colombetti, A. S. Johnston,* Int. J. Appl. Rad. Isotope 27 (1976) 656
[17] *V. J. Sodd,* in: Radiopharmaceuticals, Society of Nuclear Medicine, New York 1975
[18] *J. F. Harwig, M. J. Welch, R. E. Coleman,* J. Nucl. Med. 17 (1976) 397
[19] *V. Hušák,* Rad. biol. ther. 20 (1979) 136
[20] *R. M. Lambrecht, A. P. Wolf,* in: Radiopharmaceuticals and Labelled Compounds, Vol. I, IAEA, Vienna 1973
[21] *J. W. Keyes, J. H. Thrall, J. E. Carey,* Sem. Nucl. Med. 8 (1978) 43
[22] *J. A. Hughes, C. C. Williams, S. R. Thomas, H. R. Maxon III, R. H. Basiewicz, W. J. Love,* J. Nucl. Med. Technol. 7 (1979) 167
[23] *A. A. Fleischer,* in [2], p. 103.
[24] *A. T. Elliot, K. E. Britton,* Int. J. Appl. Rad. Isotopes 29 (1978) 571
[25] *F. W. Zielinski, N. S. MacDonald, G. D. Robinson,* J. Nucl. Med. 18 (1977) 67

Über das Extraktionsverhalten der Komplexverbindung des Technetiums(IV) mit Di-(2-ethylhexyl)-phosphorsäure

M. Jovtschev[1]), *H. Kupsch*[2]), *H. Koch*[2])

([1]) Institut für Kernforschung und Kernenergetik der Bulgarischen Akademie der Wissenschaften, Sofia; [2]) Zentralinstitut für Isotopen- und Strahlenforschung der Akademie der Wissenschaften der DDR, Leipzig)

Die Komplexbildung des Tc(IV) mit Bis-(2-ethylhexyl)-phosphorsäure (HDEHP) wurde nach der Verteilungsmethode untersucht. Es bildet sich ein monomerer, inerter Komplex, dessen Verteilung in dem Lösungsmittelsystem Wasser/Toluen schnell erfolgt.

Keywords

HDEHP; organic phosphorus compounds; solvent extraction; technetium 99; technetium complexes

1. Einleitung

Über das Extraktionsverhalten von Verbindungen des vierwertigen Technetiums mit ausgewählten Komplexbildnern wurde in früheren Arbeiten [1—3] berichtet. Auf der Suche nach extrahierbaren und hydrolysebeständigen Tc(IV)-Verbindungen wurden Reagenzien und Lösungsmittel verwendet, die erfolgreich zur Extraktion von Metallen eingesetzt wurden [4, 5] und die unterschiedlichen Verbindungsklassen angehören, wobei alle Extraktionssysteme unter einheitlichen Bedingungen untersucht wurden.

Die Tc(IV)-Zustandsformen hydrolysieren bereits im sauren Milieu [1, 3, 6], und die Hydrolyseprodukte werden leicht aus der Lösung adsorbiert. Es ist daher zur detaillierteren Untersuchung des Reaktionsverhaltens des Tc(IV) in wäßriger Lösung gegenüber Komplexbildnern bei sehr niedrigen Metallkonzentrationen sowie zur Ermittlung der Natur der gebildeten Verbindungen erforderlich, eine quantitative Erfassung der eingesetzten Technetiummenge über die Verteilung zwischen der wäßrigen und der organischen Phase zu erreichen. Andererseits sind Extraktionssysteme, bei denen das reine Reagenz oder dessen Lösung in indifferenten Lösungsmitteln, z. B. Benzen und Toluen, verwendet wird, überschaubarer als Systeme, bei denen das Solvens mit dem Metallkomplex Addukte bildet. Unter diesem Gesichtspunkt wurde das System Tc(IV)/Di-(2-ethylhexyl)-phosphorsäure ausgewählt.

Anschriften: [1]) 1113, Sofia, Boul. Lenin 72, VR Bulgarien; [2]) 7050 Leipzig, Permoserstr. 15

2. Theoretischer Teil

Die Untersuchung von Komplexbildungsgleichgewichten nach der Extraktionsmethode ist in mehreren Monographien behandelt worden [5, 7—9]. Aus diesem Grund werden hier nur die für den konkreten Fall benötigten Beziehungen aufgeführt.

Die Di-(2-ethylhexyl)-phosphorsäure (HDEHP bzw. HL) liegt in unpolaren Lösungsmitteln in der Regel als Dimer vor. Mit Hilfe der Gleichungen

$$[HL] \overset{K_a}{\rightleftarrows} [H^+] + [L^-] \quad (1)$$

$$[HL]_{aq} \overset{D}{\rightleftarrows} [HL]_{org} \quad (2)$$

$$2[HL]_{org} \overset{K_2}{\rightleftarrows} [H_2L_2]_{org} \quad (3)$$

K_a = Dissoziationskonstante
D = Bruttoverteilungsverhältnis zwischen zwei Phasen
K_2 = Dimerisationskonstante
aq, org = Kennzeichnung der wäßrigen bzw. der organischen Phase

und der entsprechenden Konstanten [4] werden für bestimmte *p*H-Werte die Konzentrationen der HDEHP in der wäßrigen Phase ($[HL]_{aq}$) und der monomeren ($[HL]_{org}$) und der dimeren ($[H_2L_2]_{org}$) Zustandsformen in der organischen Phase in Abhängigkeit von der analytischen Reagenskonzentration in der organischen Lösung $[C_{HDEHP}]_{org}$ berechnet [1]. Die Reagenskonzentration in der wäßrigen Phase nach Gl. (2) kann gegenüber der eingesetzten Gesamtkonzentration C_{HDEHP} vernachlässigt werden, so daß gilt:

$$C_{HDEHP} \approx [C_{HDEHP}]_{org} = [HL]_{org} + [H_2L_2]_{org} \quad (4)$$

In dem von uns ausgewählten Konzentrationsbereich $c_{HDEHP} \geqq 10^{-2}$ M im Toluen liegt jedoch praktisch nur die dimere Form vor, d. h. $[C_{HDEHP}]_{org} = [H_2L_2]_{org}$.

Die extrahierte Komplexverbindung besitzt die allgemeine Formel $M[HL_2]_n$ gemäß der Extraktionsreaktion

$$M^{n+}_{aq} + n[H_2L_2]_{org} \leftrightharpoons M[HL_2]_{n\ org} + n[H^+]_{aq} \quad (5)$$

wobei M^{n+}_{aq} die Zentralgruppe oder das Metallion darstellt.

Die Verteilungsreaktion verläuft nach dem Mechanismus des sogenannten „flüssigen Ionenaustausches" einerseits als Ionenaustausch mit Ionentransport und andererseits als Ionenassoziatbildung, wobei beide Reaktionen thermodynamisch gleichwertig sind. In diesem Fall erfolgt Komplexbildung durch Substitution von Säurewasserstoff durch die Zentralgruppe und nachfolgende Solvatation des Komplexes durch Reagensmoleküle.

3. Experimenteller Teil

3.1. *Ausgangsreagenzien und -lösungen*

^{99}Tc wurde als NH_4TcO_4 vom Radiochemical Centre Amersham, England, (28,2 mg/ml in 0,1 N NH_4OH) und ^{99m}Tc aus ^{99}Mo/^{99m}Tc-Generatoren vom Zentralinstitut für Kernforschung Rossendorf, DDR, (zur Markierung der ^{99}Tc-Lösung) verwendet. Die Tc-Ausgangslösungen wurden nach [1, 3] vor jeder Versuchsserie hergestellt und charakterisiert. Das Tc(IV) liegt als $TcO(OH)^+$ in perchlorsaurer Lösung vor. Die Metallkonzentration wurde nach [1] bestimmt und betrug $2{,}20 \cdot 10^{-5}$ Mol/l bis $5{,}12 \cdot 10^{-7}$ Mol/l. Die HDEHP wurde nach [10] gereinigt, um eine Beteiligung der Mono-(2-ethylhexyl)-phosphorsäure (H_2MEHP) an der Komplexbildungsreaktion auszuschließen.
Alle verwendeten Reagenzien sind von p.a.-Qualität.

3.2. *Meßtechnik*

Ein Meßplatz VA-V-100/VA-G-120 vom VEB RFT Meßelektronik Dresden wurde mit einem Glockenzählrohr VA-Z-312 (für die β-Strahlung des ^{99}Tc) oder mit einer Szintillationsmeßsonde VA-S-971 mit NaJ(Tl)-Kristall (für die γ-Strahlung des ^{99m}Tc) verwendet. Alle gemessenen Zählraten der β-Strahlung (292 keV) wurden durch experimentell ermittelte Faktoren der Selbstabsorption der organischen Phase korrigiert [1]. Das Röhrenvoltmeter MV 115 (Clamann und Grahnert, Dresden) in Verbindung mit einer Glas- und Kalomelbezugselektrode (EA 125 V – Metrohm AG und GB 50/KE 10 – Meinsberg) wurde unter Benutzung einer NaCl-Brücke zur Messung der *p*H-Werte der wäßrigen Lösungen eingesetzt. Bei der Reaktionstemperatur von 65 °C wurde die Messung nach Abkühlen auf 25 °C durchgeführt. Die *p*H-Kontrolle der wäßrigen

Tab. 1. Vorversuche zur Bestimmung der Einstellungsgeschwindigkeit des Komplex- und Extraktionsgleichgewichtes im System Tc(IV)-HDEHP/Toluen
$C_{HDEHP} = 1{,}00 \cdot 10^{-1}$ M
$\mu = 1{,}0$ Schütteltemperatur: 25 °C

A. lg *D* = f (Schütteldauer); Reaktionstemperatur: 25 °C; Extraktion

Dauer h	0,25		0,50		1,00		2,00		5,00	
*p*H	*D*	lg *D*	*D*	lg *D*	*D*	lg *D*	*D*	lg *D*	*D*	lg *D*
0,0	6,19	0,79	6,46	0,81	6,32	0,80	6,52	0,81	6,64	0,82
1,0	6,06	0,78	5,91	0,77	6,08	0,78	6,20	0,79	6,00	0,78
2,7	3,31	0,52	3,40	0,53	3,57	0,55	3,50	0,54	3,63	0,56
3,6	2,62	0,42	2,70	0,43	2,78	0,44	2,94	0,47	3,15	0,50
4,8	2,77	0,44	2,65	0,44	2,90	0,46	2,87	0,46	2,98	0,47
8,2	5,49	0,74	5,60	0,75	5,64	0,75	5,62	0,75	5,65	0,75

B. lg *D* = f (Schütteldauer); Reaktionstemperatur: 65 °C; Extraktion

0,0	6,81	0,83	6,68	0,82	6,95	0,84	7,18	0,86	7,32	0,86
1,0	6,67	0,82	6,53	0,81	6,47	0,81	6,67	0,82	6,81	0,83
2,7	3,80	0,58	4,07	0,61	4,02	0,60	3,91	0,59	4,17	0,62
3,6	3,36	0,53	3,32	0,52	3,53	0,55	3,08	0,49	3,88	0,59
4,8	3,12	0,49	3,58	0,55	3,20	0,51	3,39	0,53	3,24	0,51

C. lg *D* = f (Schütteldauer); Reaktionstemperatur: 25 °C; Reextraktion

1,0	14,61	1,16	14,79	1,17	14,73	1,17	14,11	1,15	13,38	1,13
4,8	6,19	0,79	6,02	0,78	6,15	0,79	5,79	0,76	5,07	0,70

D. lg *D* = f (Erwärmungsdauer); Reaktionstemperatur: 65 °C; Extraktion

*p*H	0,0		1,0		2,7		3,6		4,8	
Dauer h	*D*	lg *D*	*D*	lg *D*	*D*	lg *D*	*D*	lg *D*	*D*	lg *D*
1,0	6,92	0,84	6,08	0,78	3,57	0,55	2,78	0,44	2,90	0,46
2,0	7,18	0,86	6,43	0,81	3,91	0,59	2,98	0,47	3,21	0,51
5,0	7,96	0,90	7,27	0,86	4,13	0,62	3,30	0,52	3,64	0,56

Phase nach der Extraktion erfolgte mit Indikatorpapier (Ablesegenauigkeit 0,3).

Die Meßergebnisse stellen Mittelwerte aus mindestens zehn Versuchen unter den jeweiligen Reaktionsbedingungen dar.

3.3 Durchführung der Extraktionsversuche

Je 10 ml der wäßrigen Phase, die das Tc(IV) enthält, und der organischen Phase werden in 50-ml-Standkolben unter folgenden Bedingungen geschüttelt: Acidität der wäßrigen Phase von *p*H 0 bis 8; Ionenstärke $\mu = 1{,}0$; Schüttelzeit 1,0 h; Reaktionstemperatur 25 °C bzw. 65 °C; Verteilungstemperatur 25 °C.

Die Resultate stellen Mittelwerte aus den Meßergebnissen von mindestens 10 Versuchen unter den jeweiligen Reaktionsbedingungen dar. Versuchsserien, bei denen gelegentlich Aktivitätsverluste, hervorgerufen durch unkontrollierte Faktoren, auftraten, wurden bei der Auswertung nicht berücksichtigt.

4. Diskussion der Ergebnisse

Auf die Komplexbildung und die Extraktion des Technetiums (IV) unter den Versuchsbedingungen bezogen, nimmt Gl. (5) folgende Form an:

$$[TcO(OH)^+]_{aq} + [H_2L_2]_{org} \rightleftharpoons [TcO(OH)\,(HL_2)]_{org} + [H^+]_{aq} \qquad (6)$$

Zur Untersuchung der Einstellung des Verteilungsgleichgewichtes wird die Schütteldauer zwischen 0,25 h und 5h variiert. Über den gesamten Bereich wird keine Verschiebung beobachtet, womit die Wahl der Schütteldauer von 1,0 h für sämtliche Versuche gerechtfertigt ist.

Zur Untersuchung des kinetischen Ablaufes der Komplexbildungsreaktion wurde das Verteilungsverhältnis *D* unter Variation der Schütteldauer, der Reaktionstemperatur, der Acidität der Lösung und der Komplexbildnerkonzentration ermittelt. Die experimentellen Ergebnisse (Tab. 1) und die graphischen Darstellungen der Funktionen lg D = f (Schütteldauer) und lg D = f (Erwärmungsdauer) – Abb. 1 bzw. Abb. 2 – sowie der Vergleich der *D*-Werte für die direkte Extraktion und die Reextraktion – Abb. 3. – ermöglichen eine Charakterisierung des in der wäßrigen Phase vorliegenden Komplexbildungssystems.

Eine signifikante Aussage über die Beteiligung des organischen Lösungsmittels an der Komplexbildungsreaktion wurde durch Untersuchung seines Einflusses auf das Verteilungsverhältnis gewonnen (Tab. 2). Das praktisch konstante Verhältnis der *D*-Werte (lg D_{Toluen} – lg D_{Benzen} = –0,57 und lg D_{Toluen} – lg D_{CCl_4} = –0,39) gestattet die Schlußfolgerung, daß die gewählten Solvenzien an der Komplexbildung nicht teilnehmen.

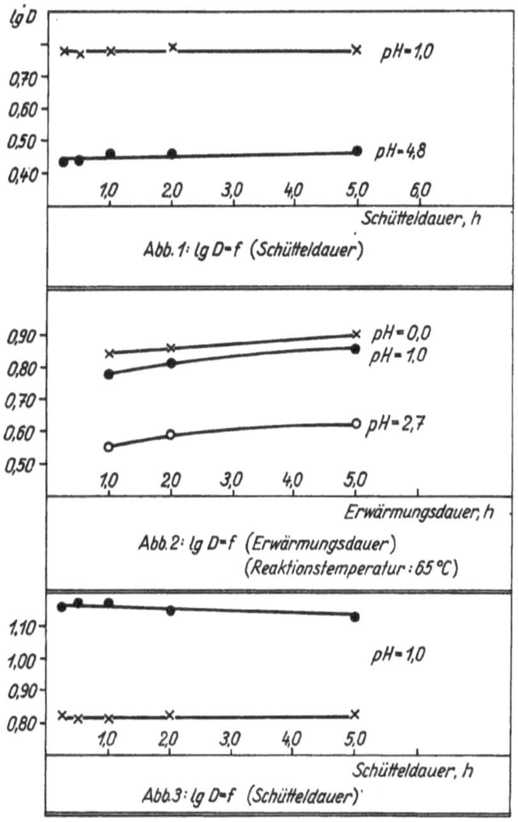

Abb. 1 – 3. Verteilung von Tc(IV) zwischen organischer und wäßriger Lösung ($C_{HDEHP} = 1{,}00 \cdot 10^{-1}$ M)

Der Polymerisationsgrad des Zentralteilchens wurde unter Variierung der Metallionenkonzentration (von $2{,}20 \cdot 10^{-5}$ Mol/l bis $5{,}12 \cdot 10^{-7}$ Mol/l) bei konstanter Reagenskonzentration ermittelt. In diesem Konzentrationsbereich bleiben die *D*-Werte praktisch konstant (Tab. 3), wodurch der sehr wichtige Beweis erbracht ist, daß unter den gewählten experimentellen Bedingungen das Zentralteilchen nur monomere Komplexverbindungen bildet.

Die gewonnenen Aussagen können wie folgt zusammengefaßt werden:

1. Das Verteilungsgleichgewicht im vorliegenden System stellt sich bereits nach wenigen Minuten ein (Abb. 1).
2. Im untersuchten Extraktionssystem Tc(IV)-HDEHP wird in der wäßrigen Phase eine kinetisch inerte mononukleare Komplexverbindung ohne Beteiligung des Solvens gebildet. Der Nachweis für diese Feststellung wird erbracht durch:

Tab. 2. Einfluß des organischen Lösungsmittels auf die Verteilung von Tc(IV) zwischen wäßriger und organischer Lösung
$\mu = 1{,}0$ Schüttelzeit: 1,0 h bei 25 °C

*p*H	Toluen		Benzen		Tetrachlorkohlenstoff		lg $\frac{D_{Toluen}}{D_{Benzen}}$	lg $\frac{D_{Toluen}}{D_{CCl_4}}$
	D	lg *D*	*D*	lg *D*	*D*	lg *D*		
0,0	6,32	0,80	25,73	1,41	17,45	1,24	–0,61	–0,44
1,0	6,08	0,78	20,52	1,31	14,18	1,15	–0,53	–0,37
2,7	3,57	0,55	11,54	1,06	8,73	0,94	–0,51	–0,39
3,6	2,78	0,44	10,08	1,00	6,32	0,80	–0,56	–0,36
4,8	2,90	0,46	12,96	1,11	6,77	0,83	–0,65	–0,37

Tab. 3. Einfluß der Metallionenkonzentration in der wäßrigen Phase auf die Verteilung von Tc(IV) zwischen wäßriger und organischer Lösung
$C_{HDEHP} = 1{,}00 \cdot 10^{-1}$ in Toluen
Schütteldauer: 1,0 h bei 25 °C

C_{Tc} Mol/l	pH	D	lg D
$5{,}12 \cdot 10^{-7}$	1,26	5,92	0,77
$1{,}10 \cdot 10^{-6}$	1,26	6,11	0,79
$5{,}43 \cdot 10^{-6}$	1,32	5,33	0,73
$2{,}20 \cdot 10^{-5}$	1,26	5,55	0,74
$5{,}12 \cdot 10^{-7}$	3,68	2,58	0,41
$1{,}10 \cdot 10^{-6}$	3,82	2,78	0,44
$5{,}43 \cdot 10^{-6}$	3,70	2,44	0,39
$2{,}20 \cdot 10^{-5}$	3,68	2,83	0,45

Tab. 4. Versuchsergebnisse zur Gleichgewichtseinstellung im System Tc(IV)-Di-2(-ethylhexyl)-phosphorsäure/Toluen bei 25 °C
$\lg D = f(C_{HDEHP})$
Schütteldauer: 1,0 h bei 25 °C
$\mu = 1{,}0$

C_{HDEHP} Mol/l	pH	D	lg D	pL
$1{,}00 \cdot 10^{-2}$	0,00	5,26	0,72	6,82
	1,26	4,93	0,69	5,56
	2,58	3,11	0,49	4,24
	3,52	2,63	0,42	3,30
	4,86	2,10	0,32	1,96
$5{,}00 \cdot 10^{-2}$	0,00	5,81	0,76	6,12
	1,18	5,66	0,75	4,94
	2,72	3,32	0,52	3,40
	3,60	2,93	0,47	2,52
	4,72	2,14	0,33	1,40
$1{,}00 \cdot 10^{-1}$	0,00	6,18	0,79	5,82
	1,22	5,97	0,78	4,60
	2,70	3,57	0,55	3,12
	3,68	2,84	0,45	2,14
	4,62	2,90	0,38	1,20
$5{,}00 \cdot 10^{-1}$	0,00	6,79	0,83	5,12
	0,95	6,66	0,82	4,17
	1,20	6,30	0,80	3,92
	2,62	3,90	0,59	2,50
	3,60	3,34	0,52	1,52
	4,85	2,47	0,39	0,27
$1{,}00 \cdot 10^{0}$	0,00	7,06	0,85	4,82
	1,00	7,10	0,85	3,82
	1,40	6,92	0,84	3,42
	2,75	5,91	0,77	2,07
	3,72	4,40	0,64	1,10
	4,75	4,11	0,61	0,07

a) die Zunahme des Verteilungsverhältnisses D mit der Erhöhung der Reaktionstemperatur und als Funktion der Erwärmungsdauer, während die restlichen Systemparameter konstant gehalten werden (Tab. 1, Abb. 2);
b) den Vergleich der D-Werte für die direkte Extraktion und Reextraktion der gebildeten Tc(IV)-HDEHP-Komplexverbindung unter gleichen experimentellen Bedingungen; die Differenz der entsprechenden Wertepaare ist signifikant groß: $\lg D_{Ex} - \lg D_{Reex} = 0{,}40$ (Mittelwert aus Abb. 3);
c) die fehlende Einstellung des Gleichgewichtes der Komplexbildungsreaktion innerhalb des gewählten Zeitraumes; wegen der zeitlich begrenzten Stabilität der perchlorsauren Tc(IV)-Ausgangslösungen [1] wird die Dauer der kinetischen Untersuchungen auf fünf Stunden eingeschränkt.

Daraus folgt, daß im vorliegenden System die Komplexbildung der geschwindigkeitsbestimmende Schritt in der Bruttoverteilungsreaktion ist.

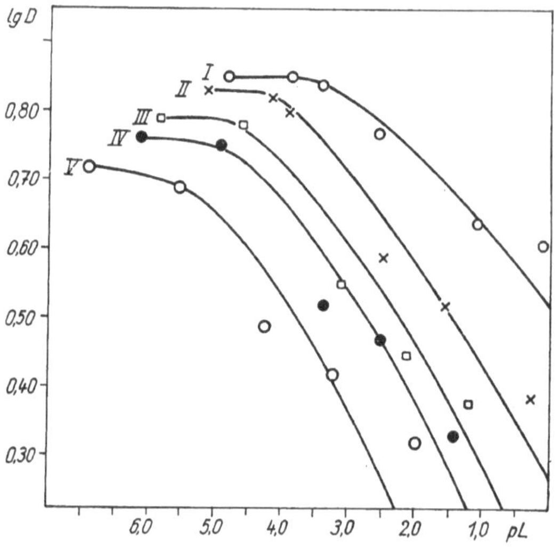

Abb. 4. Verteilung von Tc(IV) zwischen organischer und wäßriger Lösung bei 25 °C ($\lg D = f(pL)$)
HDEHP-Konzentrationen: I = $1{,}00 \cdot 10^{0}$ M in Toluol (○); II = $5{,}00 \cdot 10^{-1}$ M in Toluol (×); III = $1{,}00 \cdot 10^{-1}$ M in Toluol (□); IV = $5{,}00 \cdot 10^{-2}$ M in Toluol (●); V = $1{,}00 \cdot 10^{-2}$ M in Toluol (○)

Über die graphische Darstellung der Funktionen lg D f(pL) unter Variation der Reagenskonzentration (Abb. 4, Tabl. 4) und lg D = f(pH) (Abb. 5) kann der Typ der extrahierten Komplexverbindung ermittelt werden.

Wird die Streuung der Meßwerte berücksichtigt, so kann festgestellt werden, daß die aufgenommenen Verteilungskurven einen Verlauf besitzen, der für die entsprechenden Funktionen der Komplexverbindung vom Typ $ML_n(OH)_p(HL)_r$ charakteristisch ist [8]. Die Bildung von Komplexen des Typs ML_n kann eindeutig ausgeschlossen werden, da das Verteilungsverhältnis D im gesamten untersuchten Konzentrationsbereich keinesfalls eine Funktion nur der freien Ligandenkonzentrationsbereiche ist. Die extrahierte Verbindung kann somit die allgemeine Formel $TcO(L)_n(OH)_p(HL)_r$ besitzen, wobei aus sterischen Gründen — das Tc(IV) besitzt bevorzugt die Koordinationszahl 6 — die Assoziation von einem elektroneutralen Reagensmolekül angenommen wird; das erhöht gleichzeitig den organophilen Charakter der gebildeten Zustandsform und

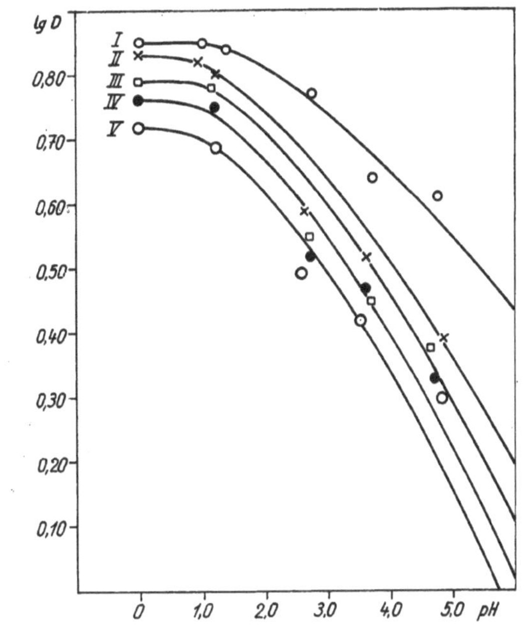

Abb. 5. Verteilung von Tc (IV) zwischen organischer und wäßriger Lösung bei 25 °C (lg D = f(pH))
HDEHP-Konzentrationen: I = 1,00 · 10^0 M in Toluol (○); II = 5,00 × 10^{-1} M in Toluol (×); III = 1,00 · 10^{-1} M in Toluol (□); IV = 5,00 × 10^{-2} M in Toluol (●); V = 1,00 · 10^{-2} M in Toluol (○)

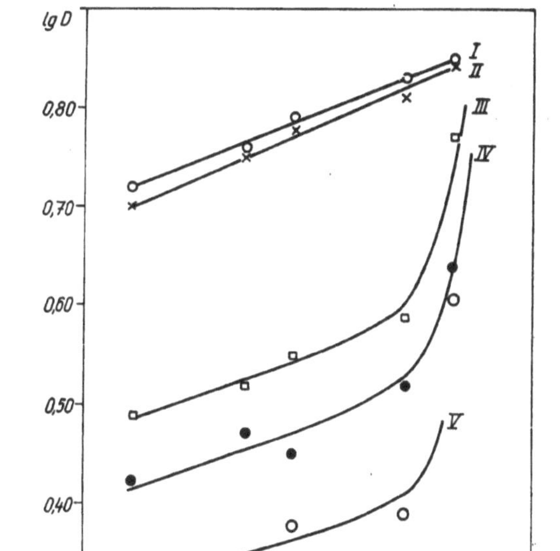

Abb. 6. Verteilung von Tc(IV) zwischen wäßriger und organischer Lösung bei 25 °C lg D = f(lg C_{HDEHP})
Kurven: I (pH = 0,0); II (pH = 1,0); III (pH = 2,7); IV (pH = 3,6); V (pH = 4,8)

damit auch ihre Löslichkeit im organischen Lösungsmittel.

Wie jedoch im Abschnitt 2 festgestellt wurde, verläuft die Bruttoextraktionsreaktion hauptsächlich nach dem Mechanismus eines „flüssigen Kationenaustausches". In Abb. 6 ist die Abhängigkeit des Verteilungsverhältnisses von der Reagenskonzentration (lg D = f(lg C_{HDEHP})) bei konstanten pH-Werten dargestellt. Bei der Verdrängung von einem H-Ion aus der Phosphorsäuregruppe eines HDEHP-Dimers durch die Zentralgruppe $TcO(OH)^+$ und der nachfolgenden Extraktion entsteht in der organischen Phase nach der Gl. (6) ein Komplex des gleichen Typs wie die Verbindung, die in der wäßrigen Phase gebildet und unter Assoziierung von einem Reagensmolekül extrahiert wird. Somit trägt eine unterschiedliche Formulierung nach dem Reaktionsmechanismus als TcO(OH) (L)(HL) oder $TcO(OH)(HL_2)$ einen formellen Charakter; bei den gewählten Reagenskonzentrationen drückt die zweite Formel die Dimerisation des Komplexbildners im organischen Lösungsmittel aus.

Die Aufklärung der Zusammensetzung des Komplexes $TcO(L)_n(OH)_p(HL)_r$ durch Ermittlung der Werte von n, p und r sowie der Stabilitätskonstanten β_n kann aus den Meßergebnissen nicht erfolgen. Es ist unter den gewählten Versuchsbedingungen wegen der allgemein begrenzten Stabilität der Tc(IV)-Ausgangslösungen und der beschleunigten Hydrolyse bei erhöhter Reaktionstemperatur nicht möglich, die Einstellung des Komplexbildungsgleichgewichtes experimentell zu erfassen und die Verteilungskurven vollständig aufzunehmen. Jedoch können hier einige Überlegungen unter Berücksichtigung der Eigenschaften des Elementes (chemische Zustandsform, Koordinationszahl) und der Spezifik des Komplexbildners (chemische Beständigkeit und Zustandsform in beiden Phasen, sterischer Aufbau, Reaktionsmechanismus) diskutiert werden.

Aus Abb. 5 geht hervor, daß sich die Verteilungskurven mit abnehmenden pH-Werten einer Asymptote der Steigung 1 nähern (ca. 1,3 für das System Tc(IV)-HDEHP), d. h., in diesem Bereich gilt $D = f([H^+]^{-1})$. Diese Steigung entspricht der Ladung der freien Zentralgruppe $TcO(OH)^+$ [1, 3]. Entsprechend der Voraussetzung, daß nur elektroneutrale Komplexe in der organischen Phase löslich sind, hat die Anzahl der Ligandenionen n im extrahierten Molekül den Wert 1 (Bildung eines 1:1-Komplexes). Entsprechend der für das Tc(IV) charakteristischen Koordinationszahl 6 mit der damit in der Regel verbundenen Oktaederstruktur ist jedoch der gebildete elektroneutrale Komplex TcO(OH)(L) koordinativ ungesättigt [9]. Die 6. Koordinationsstelle des Metallions kann durch ein Molekül H_2O besetzt werden, das jedoch aller Wahrscheinlichkeit nach durch ein neutrales Reagensmolekül HL ersetzt ist. Im Falle der dimeren HDEHP-Moleküle (formell als $(HL)_2$ zu bezeichnen) erfolgt in einem Reaktionsschritt die Bildung des elektroneutralen 1:1-Komplexes und die Besetzung der freien Koordinationsstelle am Zentralatom.

Zusammenfassend kann für den gebildeten Tc(IV)-Komplex mit der Di-(2-ethylhexyl)-phosphorsäure die Zusammensetzung $TcO(L)_n(OH)_p(HL)_r$, wobei $n = p = r = 1$, angenommen werden.

5. Schlußfolgerungen

1. Das komplexchemische Verhalten des vierwertigen Technetiums gegenüber Di-(2-ethylhexyl)-phosphorsäure (HDEHP) wurde nach der Verteilungsmethode untersucht. Durch Variation der wesentlichen Parameter wurden die stattfindenden Komplexbildungsreaktionen verfolgt. Das Komplexbildungssystem in der wäßrigen Phase wurde als kinetisch inert charakterisiert.

2. Es wurde die Bildung eines monomeren Komplexes nachgewiesen, der mit den verwendeten indifferenten Lösungsmitteln keine Addukte bildet. Das Verteilungsgleichgewicht stellt sich schnell ein.
3. Unter den gewählten Versuchsbedingungen (die begrenzte Stabilität der Tc(IV)-Lösungen gestattet keine langzeitigen Experimente) kann die Gleichgewichtseinstellung der Komplexbildungsreaktion nicht erreicht werden. Dadurch ist die Ermittlung der Zusammensetzung und der Stabilitätskonstante des gebildeten Komplexes aus den experimentellen Daten nicht möglich.
4. Aus dem Verlauf der Verteilungskurven konnte der Typ des extrahierten Komplexes als $TcO(L)_n(OH)_p(HL)_r$ ermittelt werden. Aus sterischen Gründen und entsprechend der Koordinationszahl 6 des Tc(IV) sowie aus der Reaktion nach dem Mechanismus des „flüssigen Kationenaustausches" wird für die Zusammensetzung des Komplexes $n = p = r = 1$ angenommen. Somit besitzt die extrahierte Verbindung die Formel TcO(L)(OH)(HL) bzw. $TcO(OH)(HL_2)$.

Eingegangen am 9. 4. 1980

Literatur

[1] *M. Jovtschev*, Dissertation, KMU Leipzig 1976
[2] *M. Jovtschev, H. Koch*, Proc. III. Symp. RGW „Aufarbeitung von bestrahltem Kernbrennstoff", Marianske Lazne 1974
[3] *M. Jovtschev, H. Koch*, Isotopenpraxis 12 (1976) 314
[4] *A. K. de, S. M. Khopkar, R. A. Chalmers*, Solvent Extraction of Metals, London 1970
[5] *J. Stary*, Solvent Extraction of Metal Chelates, Oxford 1964
[6] *B. Gorski, H. Koch*, J. Inorg. Nucl. Chem. 32 (1970) 3831
[7] *Y. Marcus, A. S. Kertes*, Ion Exchange and Solvent Extraction of Metal Complexes, New York 1969
[8] *F. J. C. Rossotti, H. Rossotti*, The determination of stabilicy constants and other equilibrium constants in solution, Moskva 1965
[9] *J. Zolotov*, Ekstrakcija vnutrikompleksnych soedinenij, Moskva 1968
[10] *D. F. Peppard, J. R. Ferrard, G. W. Mason*, J. Inorg. Nucl. Chem. 7 (1958) 231

Reactivation of Promoted Nickel Catalysts for Deuterium Exchange between Hydrogen and Water in the Vapour Phase

F. H. Abou El-Nour [1])

(Nuclear Chemistry Department, Atomic Energy Establishment, Cairo, Egypt)

Binary promoted nickel — chromium oxide and ternary promoted nickel — chromium oxide — aluminium oxide mixed catalysts were prepared for use in the present study. The catalysts were prepared by co-precipitation of the corresponding metal nitrates as carbonates followed by calcination in nitrogen atmosphere at 350 °C and reduction in hydrogen atmosphere at 320 °C. To prevent spontaneous oxidation of the catalysts, bidistilled water was added followed by heating of the catalyst mixtures at about 110 °C in hydrogen atmosphere for few hours. Deactivation of catalysts was studied by measurements of the variation of their activities with the time of contact of the reacting gas mixtures with the catalyst surface in the reaction chamber. It was found that while the catalytic activity of ternary catalysts for the isotopic exchange of deuterium between hydrogen and water vapour was higher than that of the binary one, the loss in activity of the former was faster than the latter. Reactivation of the catalysts were carried out at different temperatures between 110—160 °C in hydrogen atmosphere. Catalytic activity measurements indicated that higher temperatures are better for the reactivation process.

Keywords

additives; catalysts; deuterium; hydrogen; isotopic exchange; nickel; water

1. Introduction

Catalyst deactivation is a subject of practical importance and the phenomena involved is of applied interest [1, 2] The deactivation of heterogeneous catalysts used in hydrogenation and dehydrogenation reactions is attributed to poisoning, coking or solid state transformations, depending on the type of reaction applied [3].

The exchange reaction of deuterium between hydrogen and water vapour represents a hydrogenation dehydrogenation reaction in which deactivation of the catalyst used may be due to poisoning by chemisorption and condensation of water vapour on the surface of the catalyst.

The chemical exchange reaction of deuterium between hydrogen and water in the vapour phase is one of the important reactions used for deuterium enrichment. It is based on the small difference in bond dissociation energy between hydrogen and deuterium. This reaction is used in combination with other methods such as electrolysis of water for heavy water production [4]. As the exchange reaction is slow under ordinary conditions, a catalyst is required to accelerate its rate. Two types of catalysts are known to be useful for isotopic exchange reaction between deuterium of HDO and H_2 in the vapour phase. The first consists of Pt based on charcoal [5], while the second type is Ni based on either a single support such as chromia [6] or a mixture support such as chromia and alumina [7]. Nickel based catalysts are preferred from the economical viewpoint.

In the reaction chamber a mixture of hydrogen and water enriched with deuterium was passed over a catalyst-bed containing catalyst prepared as mentioned above. It was found that the catalytic activity for isotopic exchange for deuterium decreases with time. It is therefore essential to reactivate the catalyst after constant use.

[1]) present address: Chemistry Department, College of Science, Riyad University, Riyad, Saudi Arabia

2. Experimental

Binary nickel—chromium oxide (80 mole% Ni and 20 mole% Cr) and ternary nickel—chromium oxide—aluminium oxide (75 mole% Ni, 12·5 mole% Cr and 12·5 mole% Al) catalysts were prepared by coprecipitation of the corresponding metal nitrates. Thermal treatment of the catalysts at 350 °C in nitrogen atmosphere was done. Reduction at 320 °C in hydrogen atmosphere was carried out for several hours. A complete description of the preparation method has been described in reference [8].

The catalytic activity of catalysts for the deuterium exchange between hydrogen and water vapour was measured using an exchange apparatus composed of a saturator with HDO at 63 °C and catalyst bed at 79 °C. A schematic diagram of the apparatus and its complete description has been given in reference [9].

To study the deactivation process, pure hydrogen gas was passed through the saturator with relatively high flow rate (20 l/h) to accelerate the deactivation process. The reacting gases were then passed through the catalyst bed where an exchange reaction of the type

$$HDO_{vap.} + H_2 \rightleftharpoons H_2O_{vap.} + HD$$

occurs. The temperature of the reaction chamber must be higher than that of the saturator to prevent the condensation of water vapour on the catalyst surface which would otherwise cause loss in its activity. HD-samples from the reaction product were collected and analysed to estimate their deuterium content, while water vapour was condensed with liquid nitrogen.

The activity of catalysts was measured at 79 °C for a period of 5 hours. Reactivation of the deactivated catalysts was made by heating in hydrogen atmosphere at temperatures ranging from 110 to 160 °C.

3. Results and discussions

The activity of chromia supported nickel and chromia-alumina supported nickel catalysts for the isotopic exchange of deuterium between hydrogen and water vapour was calculated using the equation [7]

$$\text{specific activity} = \frac{F \cdot B}{(1 + BK)\, w} \ln \frac{N_\infty^{HD} - N^{H_2}}{N_\infty^{HD} - N^{HD}} \quad (1)$$

where F is the hydrogen flow rate, B is the ratio between the partial pressure of water to that of hydrogen, w is the weight of the catalyst used, N_∞^{HD} is the deuterium concentration in the product hydrogen at equilibrium, N^{H_2} is the deuterium concentration in the reactant hydrogen, N^{HD} is the deuterium concentration in the product hydrogen and K is the equilibrium constant of the reaction at the reacting temperature.

The value of B was calculated experimentally using the equation [10]

$$B = \frac{\text{no. of water molecules}}{\text{no. of hydrogen molecules}} = n_{H_2O}/n_{H_2} \quad (2)$$

The value of N_∞^{HD} was calculated from the equation [7]

$$N_\infty^{HD} = \frac{N^{H_2} + B \cdot N^{HDO}}{1 + B \cdot K} \quad (3)$$

where N^{HDO} is the deuterium concentration of water present in the saturator.

The experimental value of the equilibrium constant K at the reaction temperature (79 °C) was calculated using the equation [10]

$$\log K = \frac{780 - 0{\cdot}6\,(T - 273)}{2{\cdot}3\, R \cdot T} \quad (4)$$

Results showing the variation of specific catalytic activity for various samples with time are given in Tab. 1.

Tab. 1. Effect of contact time of the reacting gas mixture on the catalytic activity of supported nickel catalysts

contact time	nickel supported with chromia		nickel supported with chromia and alumina	
	N^{HD}	sp. activity	N^{HD}	sp. activity
s	at.% D	mole D/s.g.	at.% D	mole D/s.g.
60	0·75	0·0000337	1·20	0·0000732
90	0·77	0·0000350	1·20	0·0000732
120	0·73	0·0000325	1·15	0·0000671
150	0·64	0·0000272	1·01	0·0000531
180	0·71	0·0000313	0·98	0·0000505
210	0·62	0·0000261	0·67	0·0000289
240	0·55	0·0000224	0·61	0·0000255
300	0·38	0·0000143	0·35	0·0000129

The results (Tab. 1) indicate that the activity of both types of nickel catalysts decreases with the contact time. The results also indicate that while the initial catalytic activity of ternary samples is higher than that of the binary one, the rate of decrease in activity of the latter is less than that of the former.

Catalyst samples were reactivated in the reaction chamber by heating at different temperatures (110—160 °C) in hydrogen atmosphere.

Tab. 2 represents the experimental results of such study using the binary supported nickel-chromium oxide mixture as a catalyst.

The gradual increase in catalytic activity with rise in temperature may mean more than the mere evaporation of

Tab. 2. Variation of the catalytic activity of supported nickel-chromia mixture with reactivation temperature

temp. °C	F mole/s × 10⁵	B	w g	K	N_∞^{HD} at. %D	N^{H_2} at. %D	N^{HD} at. %D	sp. activity mole D/s · g · × 10⁵
110	6·86	0·3038	0·2	2·834	1·64	0·015	0·54	2·19
120	6·86	0·3038	0·2	2·834	1·64	0·015	0·62	2·61
130	6·86	0·3038	0·2	2·834	1·64	0·015	0·71	3·13
140	6·86	0·3038	0·2	2·834	1·64	0·015	0·70	3·07
150	6·86	0·3038	0·2	2·834	1·64	0·015	0·73	3·25
160	6·86	0·3038	0·2	2·834	1·64	0·015	0·75	3·37

water vapour from the surface of the catalyst. For water evaporation from the catalyst surface, any temperature higher than 110 °C or so may have been good enough. The gradual rise in the catalytic activity with temperature may perhaps also be due to the removal of surface contaminations of surface chemisorbed gases or may be due to solid state surface transformations.

Received April 17, 1980

References

[1] A Symposium on Sintering and Catalysis, Notre Dame, Indiana, May 26 – 28 (1975)

[2] A Symposium on Catalyst Deactivation and Poisoing, Berkely, California, May 24 – 28 (1978)

[3] *J. J. Carberry*, Chemical and Catalytic Reaction Engineering, McGraw-Hill Book Company, Inc. 1976, 394

[4] *E. W. Becker*, Heavy Water Production, International Atomic Energy Agency Review Series No. 21, Vienna 1962

[5] *G. G. Joris*, Production of Heavy Water by G. M. Murphy, McGraw-Hill Book Company, Inc. 1955, 222

[6] *E. Hallaba, F. Abou El-Nour, E. Abdel-Wahab*, Arab Journal of Nuclear Sciences and Applications 6 (1973) 133

[7] *F. Abou El-Nour, H. Schütze*, Isotopenpraxis 8 (1972) 391

[8] *F. Abou El-Nour, H. Schütze, K. Wetzel*, Patentschrift No. 87 562 DDR 1972

[9] *F. Abou El-Nour, M. Abdel-Khalik, N. Belacy, E. Hallaba*, Isotopenpraxis 13 (1977) 179

[10] *F. Abou El-Nour, N. Belacy, E. Hallaba*, Isotopenpraxis 10 (1974) 372

Informationen

IAEA/Österreich. Rund 150 Teilnehmer aus 22 Mitgliedstaaten der Internationalen Atomenergie-Agentur (IAEA) und der Kommission der Europäischen Gemeinschaften (CEC) sowie Vertreter von 4 internationalen Organisationen beteiligten sich am Internationalen Symposium über die Behandlung von alphakontaminierten Abfällen, das vom 2. bis 6. Juni 1980 im Internationalen Zentrum Wien stattfand.

In den vergangenen Jahren haben mehrere Länder fortlaufende Forschungsprogramme auf dem Gebiet der Behandlung, Konditionierung und Beseitigung von alphastrahlenden Abfällen durchgeführt, z. B. Belgien, Frankreich, die BRD, Großbritannien, Indien, Japan, die USA und die UdSSR. Mit der zunehmenden Anwendung der Kernenergie und besonders im Zusammenhang mit den Fortschritten bei Schnellbrüter-Kraftwerken, die mit einer Mischung von Plutonium und Uran betrieben werden, muß der Technologie der Behandlung von alpha-kontaminierten Abfällen, die bei der Wiederaufarbeitung von Brennstoffen und der Herstellung von Mischoxid-Brennelementen entstehen, steigende Aufmerksamkeit geschenkt werden.

Eine Vielzahl von Techniken ist bereits untersucht worden. Vordringliches Ziel ist es, das Volumen des Abfalls durch entsprechende Behandlung zu reduzieren, d. h. durch Dekontamination, Verpressen, Naßverbrennung und Veraschung. Verschiedene Bindemittel stehen für die Konditionierung zur Verfügung: Beton, Asphalt, Harze, Glas und Keramik. Mit diesen Stoffen ist es möglich, ein Endlagerprodukt herzustellen, das eine sichere Beseitigung im Untergrund ermöglicht.

Erst in den Jahren nach 1990 werden alpha-kontaminierte Rückstände in signifikanten Mengen anfallen. Es war deshalb angebracht, den gegenwärtigen Kenntnisstand auf diesem Gebiet zu überprüfen, damit die fortschrittlichsten Methoden zur Verringerung des Abfallvolumens und zur Verarbeitung der langlebigen Radionuklide vor ihrer Endlagerung angewendet werden. Themen des Symposiums waren unter anderem: Konzeptionelle Fragen, Behandlung und Lagerung von alpha-kontaminierten Rückständen, Methoden zur Verringerung des Volumens, Verfestigungsverfahren, Messung der Alphastrahlung in festen und verfestigten Abfällen, Möglichkeiten der Endlagerung, Abtrennung von Aktiniden sowie weitere Behandlungsmethoden.

Das Symposium zeigte, daß auf der Basis der gegenwärtig vorhandenen Technologien eine sichere Behandlung und Lagerung von alpha-strahlenden Rückständen, besonders von solchen, die Plutoniumreste enthalten, möglich sein wird.

DDR. Im Report SAAS-250 des Staatlichen Amtes für Atomsicherheit und Strahlenschutz der DDR sind die vollen Texte der auf der „Abschlußkonferenz über die wissenschaftlich-technische Zusammenarbeit auf dem Gebiet des Strahlenschutzes zwischen dem Ministerium für Gesundheitswesen der UdSSR und dem Staatlichen Amt für Atomsicherheit und Strahlenschutz im Zeitraum 1976 bis 1978" gehaltenen Vorträge veröffentlicht. Die Abschlußkonferenz fand vom 28. August bis 1. September 1978 in Wladimir (UdSSR) statt. Die insgesamt 47 Vorträge sind in der auf der Konferenz vorgelegten Fassung wiedergegeben.

DDR. Unter der Bezeichnung „ROTOP-DMSA" (steril, lyophilisiert) bietet die Fa. Isocommerz GmbH einen neuen, im Zentralinstitut für Kernforschung der AdW der DDR hergestellten Markierungssatz zur Präparation von ^{99m}Tc-Sn-Dimercaptosuccinat für die statische Nierenszintigraphie an. Bei Verwendung dieses Markierungssatzes ist die Herstellung des gewünschten Nuklearphamakons sehr einfach: Durch Zugabe von sterilem Eluat des ^{99m}Tc-Generators zu dem Lyophilisat wird bereits nach etwa 10minütiger Reaktion eine injektionsfertige Zubereitung erhalten. Das so hergestellte ^{99m}Tc-Sn-DMSA zeichnet sich durch hohe Anreicherung im Nierenparenchym bei gleichzeitig geringerer Strahlenbelastung im Vergleich zu ^{197}Hg-Produkten aus. Dies und seine ständige Verfügbarkeit in Verbindung mit einem Technetiumgenerator sowie die einfache Zubereitung in Form eines instant-Kits sind Grundlagen für eine breite Anwendung im klinischen Routinebetrieb.

Eine Packung besteht aus 8 Ampullen, wovon jede Ampulle 1,0 mg Dimercaptobernsteinsäure; 0,42 mg $SnCl_2 \cdot 2\,H_2O$ und 0,10 mg Ascorbinsäure in lyophilisierter, steriler Form enthält.

Nähere Auskünfte über Liefer- und Bezugsmöglichkeiten erteilt: Isocommerz GmbH, Exportkontor, 8051 Dresden, Postfach 19.

DDR. Der Leipziger Kommissions- und Großbuchhandel (LKG) hat den Literaturkatalog 1980 „Chemie" herausgegeben. Der Katalog (Redaktionsschluß 25. 3. 80) enthält alle durch den LKG lieferbaren einschlägigen Titel, die in

DDR-Verlagen erschienen sind. Er ist nach den Sachgebieten

- Reine Chemie
- Angewandte Chemie, Chemische Industrie
- Grenzgebiete, Chemie in anderen Zweigen von Wissenschaft und Technik

gegliedert. In einem weiteren Abschnitt sind Zeitschriften und Reihen aufgeführt. Außerdem wird auf Titel hingewiesen, die sich in Vorbereitung befinden. Ein Titel- und Autorenverzeichnis vervollständigt den Katalog, der in allen Buchhandlungen der DDR kostenlos erhältlich ist.

BRD. Die Gesellschaft für Strahlen- und Umweltforschung mbH (GSF), München, hat ihren Jahresbericht 1979 veröffentlicht. Die Forschungsschwerpunkte der GSF sind: Stoffbilanzen in der Ökosphäre, biologisch-medizinische Wirkung von Umweltchemikalien und Strahlung, Verfahren zur Gesundheitsversorgung, Strahlenschutz und Tieflagerung.

UdSSR. Neuerscheinungen im Verlag „Atomisdat“:
Berylliumoxid (*R. A. Beljajew*);
Neutronengeneratoren und Automatisierung technologischer Prozesse (*W. T. Tustanowski*);
Stoffwechselprodukte bei Strahlenschäden (*L. A. Tiunow, W. W. Kustow*);
Informations-Makromoleküle bei der Strahlenschädigung von Zellen (*W. J. Komar, K. P. Chanson*);
Anwendung radioaktiver Nuklide in der klinischen Forschung (Red. *R. I. Gabunija*);
Quantenchemie — Vergangenheit und Zukunft (*I. S. Dmitrijew, S. G. Semjonow*).

UdSSR. Heft 5/1980 der Zeitschrift „Atomnaja Energija“ enthält u. a. folgende Beiträge:
Eine polyempirische Methode zur Berechnung der Isotopenzusammensetzung von Uran und Plutonium in bestrahltem WWER-Brennstoff (*B. A. Bibitschew* u. a.);
Nichtstationäre Bremsung von Neutronen aus einer planen Impulsquelle in einem Zweistoffsystem mit ebener Trenngrenze (*J. A. Medwedjew, J. W. Metelkin*);
Bestrahlungsniveaus verschiedener Berufsgruppen und Optimierung der Strahlenüberwachung (*W. I. Iwanow* u. a.);
Isotopenanalyse von Uranproben im Nanogrammbereich (*R. N. Gall* u. a.);
Kurze Originalmitteilungen:
Autoionen-Mikroskopie von Strahlendefekten in mit 50-keV-W^+-Ionen bestrahltem Wolfram. 1. Methodik und Versuchsergebnisse; 2. Diskussion der experimentellen Daten (*A. F. Bobkow* u. a.);
Einfluß der Fluoreszenz auf die Akkumulationsfaktoren von Gammastrahlung in Blei (*I. N. Butujewa, I. N. Trofimow*);
Einfluß von Gammastrahlung auf die Eigenauflösung von thalliumaktivierten Natriumjodidkristallen (*E. L. Winograd* u. a.);
Zur Berechnung des Massenschwächungskoeffizienten von Photonenstrahlung (*W. I. Gudima, G. W. Pekina*).

Großbritannien. Neue Reports der UKAEA:

AERE-M 3043	Some comments on texture analysis and the use of co-occurence matrices
AERE-M 3047	Trace element analysis of old exposed air filters: a feasibility study
AERE-PR/EMS 6	Environmental and Medical Sciences Division Progress Report January to December 1978
AERE-R 9115	Computer port interface for the CAMAC serial highway
AERE-R 9506	Microstrip circuits and filters on printed circuit board substrates.

Österreich. Auf einer Tagung zum Thema „Technologie im ppm-Bereich“, die im April 1980 in Graz stattfand, berichtete *E. Proksch* (Österreichische Studiengesellschaft für Atomenergie, Forschungszentrum Seibersdorf) über das zunehmende Interesse am Einsatz von Bestrahlungsverfahren zum Abbau von Schadstoffen in Umweltmedien (Abwässer, Abluft). Mit Strahlendosen zwischen 1 und 50 kGy können z. B. bestimmte Farbstoffe, Organochlorverbindungen und Phenole in Abwässern oder Schwefeldioxid, Stickoxide, H_2S und CS_2 in Abluft abgebaut werden. Fortschritte bei der Entwicklung von Elektronenbeschleunigern für industrielle Zwecke ermöglichen es, derartige Anlagen für den Schadstoffabbau in einigen Fällen bereits zu Kosten einzusetzen, die mit denen herkömmlicher Verfahren vergleichbar sind.

Frankreich. Folgende Neustrukturierung der Tätigkeitsbereiche des Commissariat à l'énergie atomique (CEA) wurde bekanntgegeben: 1. Militärische Anwendungen, 2. Kernreaktoren und Brennstoffkreislauf, 3. Sicherheit und Sicherung, 4. Grundlagenforschung, 5. Innovation und industrielle Verwertung, 6. Administration und Verwaltung, 7. Finanzen, 8. Programme, 9. Internationale Beziehungen.

USA. Das National Council on Radiation Protection and Measurements (NCRP) hat zwei neue Publikationen herausgegeben:

NCRP Report No. 64:	Influence of Dose and Its Distribution in Time on Dose-Response Relationships for Low-LET Radiations
NCRP Report No. 65:	Management of Persons Accidentally Contaminated with Radionuclides.

USA. Die Fa. International Minerals & Chemicals hat in ihrem Werk bei Mulberry (Florida) die erste kommerzielle Anlage zur Urangewinnung, die mit der Produktion von Phosphorsäure gekoppelt ist, in Betrieb genommen. Drei weitere Anlagen dieser Art werden in Kürze folgen. Ihre Produktionskapazität soll rund 900 t Uranoxid pro Jahr betragen.

Japan. Die Fa. Asahi Chemical Industry Co. hat mit der Errichtung einer Versuchsanlage für die kommerzielle Urananreicherung auf der Grundlage eines Ionenaustauschverfahrens begonnen. An der Finanzierung des Vorhabens ist das japanische Ministry of International Trade and Industry maßgeblich beteiligt.

IAEA/Österreich. Der Gouverneursrat der Internationalen Atomenergie-Agentur (IAEA) hat beschlossen, einen Ausschuß zu bilden, der prüfen soll, auf welche Weise die zwischenstaatliche Weitergabe von kerntechnischen Erkenntnissen, Materialien und Dienstleistungen zu verbessern wäre. Dabei ist auch zu beurteilen, wie eine sichere und zuverlässige Versorgung mit solchen Kenntnissen, Materialien und Dienstleistungen für den Kernbrennstoffkreislauf auf eine festere Grundlage gestellt werden könnte, die mit einer Reihe allerseits tragbarer Bedingungen vereinbar sein müßte, um eine Weiterverbreitung von Kernwaffen auszuschließen.

Die garantierte Versorgung mit Kenntnissen, Materialien und Dienstleistungen für den Kernbrennstoffkreislauf gehörte zu den Themen, mit denen sich eine der acht Arbeitsgruppen im Rahmen der Internationalen Studie über den Kernbrennstoffkreislauf (INFCE) auseinandergesetzt hat. In ihrem Bericht sind verschiedene Möglichkeiten für eine Stärkung der Liefergarantien aufgezeigt worden.

Der vom Gouverneursrat der IAEA gebildete Ausschuß wird untersuchen, welche Rolle die Organisation in diesem Zusammenhang übernehmen kann, und den Gouverneursrat in dieser Hinsicht beraten. An der Tätigkeit des Ausschusses, der seine erste Tagung im Herbst abhalten wird, können sich alle Mitgliedsstaaten der IAEA beteiligen. Voraussichtlich wird er im Februar 1981 dem Gouverneursrat Bericht erstatten und in der Folge regelmäßig weiter über den Fortgang seiner Arbeiten berichten.

IAEA. Im Bulletin 2/1980 der Internationalen Atomenergie-Agentur (IAEA) sind u. a. folgende Beiträge enthalten:
Nuclear Power Development: Present Role and Medium-Term Prospects (*R. Krymm*; *J. P. Charpentier*);
Environmental Impacts of the Production and Use of Nuclear Energy: A Summary of the United Nations Environment Programme Study (*J. U. Ahmed*; *H. T. Daw*);
The International Nuclear Fuel Cycle Evaluation — INFCE (*R. Skjöldebrand*);
Nuclear Power in the USSR (*I. S. Zheludev*; *L. V. Konstantinov*);
On the Radio-ecology of the Danube River (*G. J. Köteles*);
The Role of Nuclear Energy Within a National Energy Plan — An IAEA Training Course for Developing Countries (*J. P. Charpentier*);
The IAEA Nuclear Data Programme — Its Role in the Nuclear Community and its Services to Developing Countries (*J. J. Schmidt*; *A. Lorenz*);
Management of Gaseous Wastes from Nuclear Facilities (Tagungsbericht).

IAEA. Neue Publikationen der IAEA:
Regulations for the Safe Transport of Radioactive Materials — 1973 Revised Edition (As Amended) (Safety Series No. 6 — STI/PUB/517);
Significance of Mineralogy in the Development of Flowsheets for Processing Uranium Ores (Tech. Rep. Series No. 196—STI/DOC/10/196).

Welt. Auf der 16. Generalkonferenz für Maß und Gewicht wurde der 1977 gemeinsam von der ICRU und ICRP eingebrachte Vorschlag angenommen, für die SI-Einheit der Äquivalentdosis (Joule/kg) den Namen „Sievert“ (Sv) einzuführen. Es gilt die Umrechnung 1 Sv = 100 rem.

BRD. Eine neue Versuchsanlage zur Verglasung hochaktiver Spaltprodukte wurde nach achtmonatiger Bauzeit (Kosten 1,2 Mill. DM) im Institut für Nukleare Entsorgungstechnik des Kernforschungszentrums Karlsruhe in Betrieb genommen. Mit der Anlage sollen wichtige Verfahrensschritte bei der Verglasung hochaktiver Spaltprodukte zur technischen Einsatzreife entwickelt werden.

Zur Glasherstellung dient eine keramische Schmelzwanne, in der die Schmelze durch zwei Paar eingetauchte Elektroden auf 1200 °C gebracht wird. Die Spaltproduktlösung wird zusammen mit feingemahlenem Glaspulver der Schmelzanlage zugeführt. Nach einer mehrstündigen Verweilzeit im Ofen wird die Glasschmelze in Stahlkokillen (30 cm Durchmesser, 120 cm Höhe) vergossen, die fernbedient gasdicht verschweißt werden. Die kontinuierlich arbeitende Anlage, die einen Durchsatz von 30 l Spaltproduktlösung pro Stunde hat, die zu ca. 18 kg Glas verschmolzen werden, wird mit simulierten Abfallösungen betrieben. Sie soll der Vorläufer für eine aktive Anlage sein, deren Inbetriebnahme Mitte der 80er Jahre in Mol, Belgien, geplant ist.

BRD. In der BRD sind im Jahre 1978 ca. 14000 m^3 konditionierte radioaktive Rückstände angefallen (1975 und 1976 je ca. 5000 m^3, 1977 ca. 6700 m^3), von denen im Rahmen des Endlager-Versuchsprogramms 13683 m^3 im ehemaligen Salzbergwerk Asse II eingelagert wurden. Die Rückstände waren in insgesamt 30579 Behälter verschiedener Art verpackt.

BRD. Im Juni 1980 hat Prof. Dr. *K. Ebert* (bisher Institut für Angewandte Physikalische Chemie der Univ. Heidelberg) die Leitung des Instituts für Heiße Chemie des Kernforschungszentrums Karlsruhe als Nachfolger von Prof. Dr. *F. Baumgärtner* übernommen, der einen Ruf auf den Lehrstuhl für Radiochemie der TU München erhalten hat.

Großbritannien. Neue UKAEA-Reports:

AERE-R 9453	Research and development studies into isotope production using the Harwell Variable Energy Cyclotron
AERE-R 9503	Characterisation of fluid flow in a two-dimensional test channel with laser doppler anemometry
AERE-R 9670	The production of niobium-92m labelled 5 µm diameter polystyrene microspheres
AERE-R 9668	A short list of TSO commands for FORTRAN programmers
ND-R-249 (D)	An acoustic technique for the determination of liquid level in tanks
AERE-M 3052	A method of synchronised input/output on a desk top computer
AERE-R 9434	Computer modelling studies of photomechanical air pollution formation in North West Europe
AERE-R 9449	Transport of radioactive ^{123}Xe gas through a tube fifty metres long
AERE-R 9584	The implications of distributed computing in open networks
AERE-R 9583	Spark source mass spectrometry computer system. Part 2. Peak switching mode
AERE-R 9595	A facsimile code for calculating void swelling, version VS1
NCSR-25	How much automation ?

An Outline of the Logical Theory of Questions

T. Kubiński, Berlin: Akademie-Verlag 1980, 143 S.; Leinen M 28,–

In der Zeit der ständig breiteren Verwendung der EDV in den einzelnen Bereichen der Volkswirtschaft, insbesondere jedoch bei der Gestaltung der Mensch-Maschine-Systeme, spielen die Probleme der mathematischen Logik eine immer bedeutendere Rolle. Das Buch von *T. Kubiński* „Abriß der logischen Theorie von Fragen" behandelt mit der Methode der interrogativen Logik die Wechselbeziehung zwischen der Frage und der Antwort. Der Autor richtet sein Buch an alle diejenigen, die sich für die moderne Entwicklung dieses relativ neuen Gebietes der Logik interessieren und über bestimmte Voraussetzungen und Grundkenntnisse auf dem Gebiet der Sprache der modernen Logik verfügen. Er formuliert notwendige Definitionen und Theoreme sehr präzise, vermeidet jedoch, wenn möglich, eine zu tiefe theoretische Ableitung. Es gibt zur Zeit relativ wenige Monographien, welche das Gebiet der interrogativen Logik auf einem hohen theoretischen Niveau systematisch darstellen. Das Verdienst des Autors besteht in einer klaren Behandlung der Semantik, der Syntax und der Pragmatik der Wechselbeziehung Frage — Antwort. Er definiert und analysiert logische Prämissen der Fragen, ihre Typen und Arten, die Möglichkeiten der Formalisierung der interrogativen Sentenzen in der natürlichen Sprache und vergleicht sein Herangehen an die Theorie der Frage mit den bereits existierenden Theorien und Methoden. Das Buch ist in vier Teile untergliedert:

1. Beschreibung unterschiedlicher Fragetypen und bestimmter Antworten, welche nach *D. Harrah* und *N. D. Belnap* als direkte Antworten gelten.
2. Darlegung der logischen Theorie der Fragen auf der Grundlage der Theorie von *Tarski*. In diesem Teil formuliert der Autor den Begriff „formal problematology" als eine formal-logische Betrachtung der Fragestellung.
3. Pragmatische Probleme der Fragen als Form der linguistischen Wechselbeziehung zwischen den Menschen (erotetic pragmatics). Diese Behandlung basiert auf dem von *Morris* entwickelten Begriff der Semiotik.
4. Darstellung der unterschiedlichen Methoden der logischen Theorie der Fragen in der historischen Entwicklung des Problems, verglichen mit dem Herangehen des Autors.

Der Inhalt des Buches, seine Form und die originelle Behandlung des Stoffes qualifizieren „An Outline of the Logical Theory of Questions" zu einem Standardwerk auf dem Gebiet der interrogativen Logik.

L. Jankowski

Mikroprozessortechnik

D. Benda. 7031 Grafenau 1 (Württ.): Lexika-Verlag/Berlin: VDE-Verlag GmbH. 1979; 222 S., div. Abb. u. Tab.; kartoniert DM 34,–

Es gibt heute kaum einen Wirtschaftsbereich, in dem die Mikroprozessortechnik nicht schon mit beachtlichem Erfolg Eingang gefunden hat bzw. in dem nicht zahlreiche potentielle nützliche Anwendungsmöglichkeiten bestehen. Um diese moderne Technik verstehen und beherrschen zu können und um insbesondere ihre sinnvolle Weiterverbreitung mit vorantreiben zu helfen, ist das Verständnis für die Technik und Funktion datenverarbeitender Maschinen Voraussetzung.

Das vorliegende Lehrbuch vermittelt die dafür erforderlichen Grundlagen. Es ist in acht Abschnitte untergliedert, von denen die ersten fünf das für die Mikroprozessortechnik notwendige Basiswissen (Arithmetik, Addier- und Subtrahierwerke, Rechenwerke, Arithmetisch-Logische Einheiten, Zähl- und Schieberegister, Multiplexer, Demultiplexer, Bus-Systeme, Steuerwerke, Speicherregister) vermitteln sowie den Aufbau und die Funktion standardisierter Mikroprozessorbausteine behandeln. In einem weiteren Abschnitt wird die Anpaßtechnik (Interface, Bitzuweisung, Pegelanpassung usw.) erklärt. Die letzten Abschnitte erläutern an Hand vieler Anwendungsbeispiele Befehls- und Adressierarten, das Aufstellen von Programmablaufplänen und Befehlslisten im Maschinencode sowie Verzweigungs- und Unterprogrammtechniken.

Das Buch ist für das Selbststudium geeignet und leistet sicher auch als Lernmittel in Fachkursen sowie im Hoch- und Fachschulstudium wertvolle Dienste.

J. Holzhey

Preparation and Control of Radiopharmaceuticals in Hospitals Technical Report Series No. 194

K. Kristensen. Wien: IAEA 1979; 119 S., 26 Abb.; kartoniert Ö.S. 185,–

Die Abhandlung umfaßt in sehr klarer, knapper Darstellung allgemeine und besondere Aspekte des Umgangs, der Präparation und der Qualitätskontrolle von Radiopharmaka in nuklearmedizinischen Einrichtungen. Sie berät über apparative Voraussetzungen, notwendige Organisation und Arbeitsweise. Entsprechend ist die Untergliederung: 1. Einführung, 2. Allgemeine Aspekte der Präparation, Kontrolle und Handhabung von Radiopharmaka, 3. „Good Radiopharmacy Practice (GRP)" (Prinzipien, Personal, Voraussetzungen, Geräte, Dokumentation, Herstellung, Qualitätskontrolle, radioaktiver Abfall), 4. GRP für spezielle radiopharmazeutische Verfahren (allgemeine Aspekte, ready-for-use-Radiopharmaka, $^{99m}TcO_4^-$, Kit-präparierte ^{99m}Tc-Radiopharmaka, Kit-präparierte ^{113m}In-Radiopharmaka, Präparation von Erythrozyten u. a. Zellen), 5. Verteilung von Radiopharmaka.

Wertvolle technische und methodische Informationen für die tägliche Arbeit sind in Form von 9 Anhängen beigefügt. Begriffserklärungen und eine konzentrierte Literaturzusammenstellung runden den Leitfaden ab.

Die Monographie wendet sich speziell an alle, die in einem radiopharmazeutischen Labor einer medizinischen Einrichtung tätig sind oder ein solches aufbauen wollen.

B. Johannsen

Weak Interactions
Proceedings of the International School of Physics "Enrico Fermi", Course L XXI, Varenna, 11–23 July, 1977

North-Holland-Publ. Comp., Amsterdam—New York—Oxford 1979, 560 S., div. Abb. u. Tab. (in Englisch); Leinen US $ 97,50; Dfl. 200, –

Die Physik der schwachen Wechselwirkung ist dabei, einen gewaltigen Bedeutungswandel zu erfahren: Waren ihre Auswirkungen bis vor wenigen Jahren im wesentlichen auf das Verständnis der Beta-Umwandlung von Kernen beschränkt, so werden heute Dimensionen sichtbar, die eine einheitliche Theorie der gesamten Physik nicht mehr utopisch erscheinen lassen. Hatte sich zunächst herausgestellt, daß die schwachen und die altbekannten elektromagnetischen Wechselwirkungen durch dasselbe System nicht-Abelscher Felder beschreibbar sind, so ist man derzeit dabei, auch die starken Wechselwirkungen in einer „Quantenchromodynamik" auf derselben theoretischen Grundlage zu erfassen. Nachdem sich schließlich erwiesen hat, daß auch die Allgemeine Relativitätstheorie der Gravitationswechselwirkung nichts anderes ist als wiederum derselbe Typ einer die innere Symmetrie von Phasentransformationen eines Teilchenfeldes betreffenden (sog. „gauge"-) Theorie, so sind das vermutlich nur unterschiedliche Manifestationen einer dahinter verborgenen umfassenden und einheitlichen Theorie verwandter Art.

Es handelt sich in diesem Buch auch im direkten Sinn um „große Physik". Da ist der Inhalt aus Publikationen, die in den einschlägigen Zeitschriften schon durch ihre jeweils 40 bis 60 Autoren auffallen, und da sind diese Riesenmaschinen, mit denen z.B. an der „CERN SPS neutrino beam line" mit Abmessungen, für die 1 km die angemessene Längeneinheit ist, Experimente zur schwachen Wechselwirkung durchgeführt werden. Auch jenes spektakuläre Sonnen-Neutrino-Experiment mit dem Nachweis von 0,3 ^{37}Ar-Atomen pro Tag, die aus dem Chlor von 400000 l C_2Cl_4 extrahiert wurden, gehört wohl zum Beeindruckendsten der neueren experimentellen Physik.

Der Stoff des Buches ist für den Nicht-Spezialisten dort schwer zu verstehen, wo es — wie im Anfangskapitel von *R. Gatto* — um die Formalismen jener „gauge"-Theorien geht, die doch so grundlegend sind. Da wirken jene Kapitel von *M. Veltman* oder *M. Fritzsch* ("The world of flavour and colour") weit mehr aufbereitet, obwohl sie ebenfalls den Charakter der Theorie kennzeichnen.

Faszinierend ist die naturwissenschaftliche Reichweite auch der experimentellen Ergebnisse über die schwache Wechselwirkung: Die Existenz des Lebens in unserer Welt ist gekoppelt mit den Fragen der schwachen Teilchenwechselwirkung über eine Mindeststabilität des Protons; in der Astronomie stimmt das bisherige Sonnenmodell nicht, oder die Neutrinophysik ist stark revisionsbedürftig.

Die Lektüre des fünfzehn Kapitel umfassenden und ausgezeichnet ausgestatteten Bandes bestärkt eindrucksvoll die Vermutung, daß die Physik dabei ist, zu einem weiteren Meilenstein der Naturerkenntnis zu gelangen, der gewiß nicht unbedeutender ist als die durch die großen Theorien am Anfang unseres Jahrhunderts gesetzten.

Jeder Physiker, dessen Interessengebiet Atomkerne und Mikroteilchen umfaßt, wird das Buch überaus anregend und nützlich finden.

G. Brunner

Sammelband von Laborarbeiten der Kernphysik

Atomizdat, Moskau 1979, 272 S., 108 Abb., 29 Tab. (in Russisch); M 4,25; Rbl. 0,85

Das vorliegende Buch enthält im ersten Teil eine Zusammenstellung von 30 Aufgaben der Laboratoriumspraxis aus den Gebieten der Radioaktivität (Bestimmung von Zerfallskonstanten, Konversionskoeffizienten, der Lebensdauer isomere Zustände und Aufgaben der *Mößbauer*spektrometrie), der Wechselwirkung Strahlung–Stoff (Bestimmung von Ladung und Masse in Photoemulsionen, Schwächung von Quantenstrahlung, Eigenschaften von Positronen), der Neutronenphysik (Flußdichtemessung, Bestimmung von Diffusionskoeffizienten, Erzeugung polarisierter Neutronen), der Kernreaktionen und Kernspaltung (inelastische Wechselwirkung von Neutronen und π-Mesonen mit Kernen, Bestimmung von Spaltproduktausbeuten), der Elementarteilchenphysik (pp-Streuung, Zerfall von π-Mesonen, Masse und Lebensdauer von K-Mesonen, Zerfall von ρ-Mesonen) und der Physik der kosmischen Strahlung (Zerfall von μ-Mesonen, Kaskadenschauer).

Jede Aufgabe ist in vier Abschnitte gegliedert: Eine kurze theoretische Einführung, eine Beschreibung des Aufbaus der Experimentiereinrichtung, die Reihenfolge der zu erfüllenden Teilaufgaben und Hinweise für die Auswertung der experimentellen Daten. Der zweite Teil des Buches befaßt sich mit der Verarbeitung der experimentellen Ergebnisse mit Hilfe der maschinellen Rechentechnik und der Verbindung von Experiment und Rechner.

Hervorzuheben ist die didaktisch sehr geschickte Darstellung des Stoffes. Dadurch ist dem Leser die Möglichkeit gegeben, sich praktische Kenntnisse und Fertigkeiten bei der Arbeit mit modernen Forschungsmethoden und experimentellen Einrichtungen der Kernphysik anzueignen.

Das Buch ist für Studenten höherer Semester der Spezialrichtung Kernphysik bestimmt; es wird darüber hinaus allen Kernphysikern Anregungen vermitteln können.

K. Irmer

Leitfaden zur analytischen Chemie seltener Elemente

A. I. Busev u. a., Moskau: Verlag Chimija 1978. 432 S., 8 Abb., 12 Tab., 710 Lit. (in Russisch), Leinen M 8,50

Der Leitfaden ist der Analyse folgender Elemente gewidmet: Li, Rb, Cs, Be, Sc, La, Y, Seltene Erden, Th, U, Ti, Zr, Hf, V, Nb, Ta, Mo, W, Re, Ga, In, Ta, Ge, Bi, Se, Te. Es sind insgesamt 207 Methoden zur Bestimmung dieser Elemente in Erzen, Mineralien, Legierungen sowie reinen Stoffen beschrieben. Die wichtigsten Endbestimmungsverfahren sind Photometrie, Differentialphotometrie, Polarographie, Gravimetrie und Komplexometrie; als Trennmethoden werden Extraktion und Ionenaustausch häufig empfohlen.

Das Buch ist bestimmt für Chemiker in analytischen Laboratorien von Forschungsstätten der Metallurgie und der Industrie sowie auch für Hochschullehrer und Aspiranten; es kann aber auch als Leitfaden für die Chemiestudenten dienen, die sich intensiv mit analytischer Chemie befassen wollen.

O. Großmann

^{123}I can be prepared in a cyclotron either directly or via precursor ^{123}Xe, using nuclear reactions of various type. The presence of radionuclidic impurities ^{124}I, ^{125}I, ^{130}I and others in ^{123}I-preparations requires to evaluate thoroughly their applicability in nuclear medicine from the viewpoints of the additional absorbed dose and the image degradation caused by the contaminants. The absorbed dose to the thyroid gland due to ^{123}I-iodide and to the gonads due to ^{123}I-Hippuran were calculated as a function of the time lag between the production and the administration to the patient. ^{123}I was produced in reactions ^{122}Te(d, n) and ^{121}Sb (^{4}He, 2n). Taking into account the image degradation due to contaminant ^{124}I in ^{123}I-preparations and the resulting absorbed doses the expiration dates of these preparations were determined.

M. Yovchev, H. Kupsch, H. Koch

On the Extraction Behaviour of the Complex Compound of Tc (IV with Di (2-ethylhexyl)-phosphoric Acid

Isotopenpraxis 16 (1980) No. 11, p. 365 to 370
6 Fig., 4 Tab., 10 Ref.

Complex formation of Tc(IV) against Di-(2-ethylhexyl -phosphoric acid (HDEHP) was studied to the distribution method. There arises a monomeric inert complex, which is subject to fast distribution in the water-toluene solvent system.

F. H. Abou El-Nour

Reactivation of Promoted Nickel Catalysts for Deuterium Exchange between Hydrogen and Water in the Vapour Phase (*in English*)

Isotopenpraxis 16 (1980) No. 11, p. 370 to 372
– Fig., 2 Tab., 10 Ref.

Binary promoted nickel-chromium oxide and ternary promoted nickel-chromium oxide-aluminium oxide mixed catalysts were prepared for use in the present study. The catalysts were prepared by co-precipitation of the corresponding metal nitrates as carbonates followed by calcination in nitrogen atmosphere at 350 °C and reduction in hydrogen atmosphere at 320 °C. To prevent spontaneous oxidation of the catalysts, bidistilled water was added followed by heating of the catalyst mixtures at about 110 °C in hydrogen atmosphere for a few hours. Deactivation of catalysts was studied by measurement of the variation of their activities with the time of contact of the reacting gas mixtures with the catalyst surface in the reaction chamber. It was found that while the catalytic activity of ternary catalysts for the isotopic exchange of deuterium between hydrogen and water vapour was higher than that of the binary one, the loss in activity of the former was faster than the latter. Reactivation of the catalysts were carried out at different temperatures between 110 – 160 °C in hydrogen atmosphere. Catalytic activity measurements indicated that higher temperatures are better for the reactiviation process.

Information

Isotopenpraxis 16 (1980) No. 11, p. 372 to 374

New Books

Isotopenpraxis 16 (1980), No. 11, p. 375 to 376

^{123}I можно изготовить в циклотроне с использованием различны ядерных реакций или прямым способом, или же с использование ^{123}Xe в качестве материнского нуклида. Наличие загрязнений в виде радионуклидов ^{124}I, ^{125}I, ^{130}I и других в препаратах по ^{123}I, вызывает необходимость тщательной оценки их применимости в ядерной медицине, а именно с точки зрения вызванных загрязнениями дополнительной поглощенной дозы и деградации изображений. Вызванная применительно к щитовидной железы ^{123}I-йодидом и применительно к гонадам ^{123}I-гиппураном поглощенная доза была определена расчетом как функция времени от изготовления до применения на пациентах. ^{123}I был получен посредством реакций ^{122}Te (d, n) и ^{121}Sb(^{4}He, 2n). Данные затухания данных препаратов были определены с учетом вызванной загрязнением препаратов по ^{123} наличием ^{124}I, а также получаемых вследствие этого поглощенных доз.

М. Йовчев. Х. Купшь, Х. Кох

Об экстракционном поведении комплексного соединения технеция(IV) с ди-(2-этилгексил)-фосфорной кислотой

Isotopenpraxis 16 (1980) вып. 11, стр. 365 до 370
6 рис., 4 табл., 10 лит.

Рассматривался вопрос комплексообразования Tc(IV) по отношению к ди(2-этилгексил)-фосфорной кислоте (HDEHP) с использованием метода распределения. Образуется инертный мономерный комплекс, который быстро распределяется по системе растворителей вода/толуол.

Ф. Х. Абу Эль-Нур

Реактивация ускоренных никелевых катализаторов для обмена дейтерия между водородом и водой в газовой фазе (*на англ. языке*)

Isotopenpraxis 16 (1980) вып. 11, стр. 370 до 372
– рис., 2 табл. 10 лит.

Для настоящих исследований были приготовлены ускоренные бинарные смешанные катализаторы никель/окись хрома и тройные смешанные катализаторы никель-окись хрома/окусь алюминия. Приготовление произошло путем соосаждения соответствующих нитратов металлов в виде карбонатов с последующими обжиганием в азотной атмосфере при 350 °С, и восстановлением в водородной атмосфере при 320 °С. Для предотвращения спонтанного окисления катализаторов была прибавлена бидистиллированная вода с последуюим обогреванием периодом в несколько часов смесей катализаторов в водородной атмосфере примерно до 110 °С. Процесс утомления катализаторов исследовался путем измерения изменения их активности со временем контакта реагирующих газовых смесей с поверхностью катализаторов в реакционной камере. Было установлено, что каталитическая активность тройных катализаторов в отношении обмена изотопов дейтерия между водородом и водяным паром больше чем активность бинарных катализаторов, что однако потери активности у первых произошли быстрее чем у последних. Реактивация катализаторов осуществлялась при различных температурах между 110 и 160 °С в водородной атмосфере. Измерения каталитической активности показали, что более высокие температуры выгоднее для процесса реактивации.

Новости

Isotopenpraxis 16 (1980) вып. 11, стр. 372 до 374

Новая литература

Isotopenpraxis 16 (1980) вып. 11, стр. 375 до 376

Contents of this Issue

FSC
www.fsc.org
MIX
Papier | Fördert
gute Waldnutzung
FSC® C083411

Kolibri 360 GmbH
Ferdinand-Jühlke-Straße 7
99095 Erfurt, Deutschland
produktsicherheit@kolibri360.de